广州市智能交互技术与应用重点实验室（项目编号：20210200011）与广州市高校创新创业教育项目—VR&AR&STAM 产教融合双创孵化平台（项目编号：2020PT110）研究成果。

U0168999

增强现实技术剖析

邬厚民　张袖斌　编著

吉林科学技术出版社

图书在版编目（CIP）数据

增强现实技术剖析 / 邬厚民, 张袖斌编著. —— 长春: 吉林科学技术出版社, 2022.8
ISBN 978-7-5578-9817-5

Ⅰ.①增… Ⅱ.①邬… ②张… Ⅲ.①虚拟现实－研究 Ⅳ.①TP391.98

中国版本图书馆CIP数据核字(2022)第179509号

增强现实技术剖析

编　　著	邬厚民　张袖斌
出 版 人	宛　霞
责任编辑	蒋雪梅
封面设计	优盛文化
制　　版	优盛文化
幅面尺寸	170mm×240mm　1/16
字　　数	210千字
页　　数	198
印　　张	12.5
印　　数	1–1500册
版　　次	2022年8月第1版
印　　次	2023年3月第1次印刷

出　　版	吉林科学技术出版社
发　　行	吉林科学技术出版社
地　　址	长春市福祉大路5788号
邮　　编	130118
发行部电话/传真	0431-81629529　81629530　81629531
	81629532　81629533　81629534
储运部电话	0431-86059116
编辑部电话	0431-81629518
印　　刷	三河市嵩川印刷有限公司

书　　号	ISBN 978-7-5578-9817-5
定　　价	90.00元

前　言

增强现实技术（简称 AR 技术）也被称为扩增现实，是计算机视觉和人机交互的交叉学科，是将真实环境和虚拟景象结合起来的一种新技术，具体是将原本在现实世界的空间范围中比较难以进行体验的实体信息在电脑等科学技术的基础上，实施模拟仿真处理与叠加，将虚拟信息内容在真实世界中进行有效应用，这一过程能够被人类感官所感知，从而实现超越现实的感官体验。真实环境和虚拟物体之间重叠之后，就能够在同一个画面以及空间中同时存在。增强现实技术强调虚拟对象与真实世界物体的交互，可以加强人们对现实世界的感知能力和交互能力。

AR 技术的起源可追溯到 Morton Heilig 在 20 世纪五六十年代发明的 Sensorama Stimulator。Sensorama Stimulator 同时使用了图像、声音、香味和震动，能让人们切实想象到在纽约的布鲁克林街头骑着摩托车风驰电掣的场景。这个发明在当时非常超前。以此为契机，AR 也展开了它的发展史。2014 年，Facebook 以 20 亿美元收购 Oculus 后，类似的 AR 热再次袭来。自此，AR 技术从原有的领域扩展到多个新领域，如城市规划、虚拟仿真教学、手术诊疗、文化遗产保护等。与虚拟现实技术（简称 VR 技术）相比，AR 技术更能满足大多数用户的需求。

如今，随着元宇宙理论与概念的进一步发展，作为沉浸式支撑技术的 AR、VR 必将有更大的发展，这在很大程度上改变了消费者、企业与数字世界的互动方式。本书对增强现实及相关技术进行了深入研究，共分为 7 章。第 1 章对增强现实技术进行了概述；第 2 章阐述了增强现实的常用设备以及理论基础；第 3～6 章分别详细阐述了增强现实系统的显示技术、标定技术、注册技术以及移动增强现实系统的关键技术；第 7 章探讨了增强现实技术在教育、农业、商业、营销、公共安全以及数字展示等领域中的应用。本书由广州科技贸易职业学院的邬厚民、张袖斌共同撰写，也是广州市智能交互技术与应用重点实验室（项目编号：20210200011）与广州市高校创新创业教育项目——VR&AR&STEAM 产教融合双创孵化平台（项目编号：2020PT110）的研究成果。

增强现实技术是一个多学科交叉的学科，本书力求全面、深入，但笔者水平有限，书中难免存在不足之处，敬请读者批评指正。

目　录

第 1 章　增强现实技术概述

1.1　增强现实技术的定义和范畴

1.1.1　增强现实技术的定义

增强现实技术简称 AR 技术，是一种将虚拟信息与真实世界巧妙融合的技术，它广泛运用了多媒体、三维建模、实时跟踪及注册、智能交互、传感等多种技术手段，将计算机生成的文字、图像、三维模型、音乐、视频等虚拟信息进行模拟仿真并应用到真实世界中，这两种信息互为补充，实现了对真实世界的"增强"。它是虚拟环境或虚拟现实的一个分支。虚拟现实技术能够使用户完全沉浸在合成环境中，无法查看周围的真实环境。与之相反，增强现实技术能够把图像、音频和视频以及触觉感知等数字信息或者计算机生成的信息实时地输送到真实环境里。从技术上看，增强现实技术能够用于增强五种感官的知觉，但目前常用于增强视觉感知。与虚拟现实技术不同，增强现实技术可以让用户看到一个添加了虚拟物体的真实世界。也就是说增强现实技术可以给真实环境提供补充信息，而不是取代真实环境。增强现实技术可以被认为是一种混合现实，介于完全虚拟与完全真实之间。

增强现实技术最早的应用案例是歼击机飞行员佩戴的头盔显示器，在电影或电视剧中可以经常看到这种头盔显示器。当飞行员透过座舱窗口观察外界时，头盔显示器能够为飞行员提供一幅带有模拟地平线、飞行高度和速度等信息的数字图像，并将该图像叠加显示在真实场景上。增强现实技术早期就成功应用于体育比赛实况转播。例如，通过电视观看橄榄球比赛直播时，就可以利用增强现实技术在实况转播中显示第一次进攻线的位置，从而使观众知道进攻队需要前进多远距离才能获得第一次进攻权。

增强现实技术不仅能够向真实场景中增加信息，还能够用于移除真实场景中的信息。其中一个典型案例是 Vulcan 旅行传送应用程序，它能够产生《星际迷航》影视系列中的传送器的"辐射"效果。这款增强现实应用程序能够使传送器衬垫前的人或物体消失或者被重新物化。

基于增强现实的基本定义和功能描述，可以归纳出增强现实技术的三个特点：①把真实场景信息与虚拟信息相结合；②可以实时地进行人机交互；③可用于三维环境中。

实际上，增强现实技术能够把用户通过其他方式无法感知的信息可视化，并提供给用户使用。就像周围环境中有成百上千万的信息正以某个无线频率传播，如果用户不使用移动电话、平板电脑或笔记本电脑等工具与这些信息进行有效通信，就会完全不清楚它们的存在。增强现实技术更像其他的图形用户界面，无论用户身处何地，增强现实技术都能实时地为用户提供可视化的有用信息。增强现实技术并不只是一种技术，而是多种技术的组合，它们协同工作，实现了数字信息可视化。增强现实技术非常引人注目，它应用广泛，是多种技术辅助经验的集大成者，并且能够创建实时网络。

正如 Lightning 实验室的 Gene Becker 所述，增强现实的定位如下：

（1）一种技术。

（2）一个研究领域。

（3）一种未来计算的景象。

（4）一种新兴的商业。

（5）一种创造性表达的新媒介。

增强现实的这些定位与 20 世纪 80 年代二维图形用户界面大众化时具有的特征非常相似。

1.1.2　增强现实技术的范畴

尽管目前有大量的数字化增强媒体，但是这些媒体并非全部属于增强现实技术范畴。例如，Photoshop 软件中修饰的图像以及其他形式的二维表面装饰图都不属于增强现实技术。而且，增强现实技术也不包括电影和电视。像

《侏罗纪公园》和《阿凡达》这样的把三维虚拟物体无缝融合在真实环境中的电影由于不具有人机交互功能，因此也不属于增强现实技术范畴。

增强现实技术有时会与"视觉搜索"混淆，特别是在移动环境中。视觉搜索指在可视环境中从诸多物体或特征中主动查找某一特定物体或特征。借助一些类似"谷歌风镜"的指定查找程序，用户就可以使用手机采集场景图像，并能够获取与该图像相关的信息。视觉搜索在物体识别和实时交互方面与增强现实技术相同，但是视觉搜索不满足增强现实技术的两条规则，即有效地进行虚实融合和在三维环境中工作。

1.2　增强现实技术的系统组成

增强现实系统正常工作需要许多必需组件，也有很多不同类型的可以用于增强现实的应用平台，大体可以分为硬件与软件两个部分。

其中，硬件包括以下几部分：

（1）计算机，如 PC 机或者手机等移动设备。

（2）显示器或显示屏。

（3）摄像机、摄像头。

（4）跟踪与传感系统，如 GPS、罗盘、加速度计等。

（5）计算机网络。

（6）标识物。标识物是一种用于虚实场景融合的真实物体，计算机可以通过该物体确定数字信息的呈现位置。

软件包括以下几部分：

（1）本地运行的应用软件或程序。

（2）网络服务。

（3）内容服务器。

增强现实有四种增强现实平台。

1.2.1　增强现实眼镜和头盔显示器

增强现实的眼镜和头盔显示器已经成为增强现实系统的标配，目前已涌现出很多产品，如 Vuzix 公司生产的增强现实眼镜。随着技术提高和价格下降，增强现实眼镜有可能会像 iPad 和智能手机一样普及，佩戴者可以根据个人需要和偏好来选择连续的增强现实输入。

1.2.2　带有网络摄像机的个人计算机

与移动电话和平板电脑相比，这种设备的位置是固定的，可以把标识物放在能够显示实时视频的网络摄像机的视场中。一旦识别出标识物，就能够在显示屏上显示增强信息，使用户与之进行交互。这种方法经常用来给杂志广告、商业卡片、棒球卡片，以及其他能够做便携式标识物并放置在网络摄像机前的物品提供增强信息。像 Xbox 这样的游戏系统也开始越来越多地采用增强现实技术。

1.2.3　智能手机和平板电脑

用智能手机访问增强现实内容是当今最流行的方法。智能手机不仅可以使用摄像机和显示屏来识别指向的标识物，而且可以使用陀螺仪、罗盘和 GPS 功能等为某一地点或感兴趣点提供增强信息。平板电脑之所以被归入这一类平台，是因为当今市场上很多的高端机型带有高清摄像机并具有 GPS 功能。

1.2.4　自助服务机、电子看板和视窗显示

自助服务机能够使顾客发现自己与增强现实的联系。例如，乐高商店自助服务机能够显示完整的乐高玩具。自助服务机也可以用于商业展览和会议展示，为现场观众提供更丰富的体验。电子看板和窗口显示也经常被用作较大的静态标识物，用户可以通过移动设备与之产生交互。

1.3　增强现实技术的常用设备

要实现虚拟模型与真实的物理世界融合结果的可视化，系统还需要配置相应的输入设备和输出设备。如果要进行实时交互等操作，还要考虑对用户

以及场景的跟踪和感知传感器。相关硬件设备的发展对增强现实技术有着非常重要的影响。近年来，随着摄像机、摄像头分辨率的提高，人工智能技术、红外安全激光技术的成熟和消费级产品的出现都大大促进了增强现实技术的进步和应用。本节将简要介绍增强现实技术常用硬件设备的最新发展情况。

1.3.1　可穿戴增强显示设备

我们按应用场景以及显示器和眼镜的距离，把增强现实显示设备分为三大类：头戴式、手持式和空间投影式。

头盔显示器（head-mounted display，HMD）是增强现实的传统研究内容，一般分为光学透视式（optical see-through，OST）头盔和视频透视式（video see through，VST）头盔。光学透视式是指用户透过透明镜片看到真实世界，并通过反射或投影把虚拟环境或对象叠加到真实场景中的方式；视频透视式是指将摄像头采样的真实场景图像与虚拟场景相结合，然后输出到用户眼前的小屏幕上的方式。很多针对头盔显示器的研究取得了不错的成果，但到目前为止，绝大多数类似头盔显示器的产品仍然存在价格昂贵、标定复杂、精度和分辨率不够理想等问题。

自 2014 年 Oculus VR 开发包被 Meta 公司以 20 亿美元收购之后，各种虚拟现实或者增强现实的头戴式设备陆续推出，而且大多数试用者都给出了好评。不过，目前大多数类似设备都还没有真正开始进行商用，即便少数已经实现商用，也还没有被普通消费者接受。其中，Oculus Rift 头盔采用的虚拟现实技术能让使用者进入一个全新的虚拟场景。因为左右眼分别从不同角度观看，因此用户可以看到逼真的三维效果，但 Oculus Rift 头盔需要配合计算机来使用。

例如，微软发布的增强现实产品 Holograms 及头戴式设备 HoloLens 可以让用户和周围的全息影像互动。HoloLens 头盔采用的是增强现实技术，而不是虚拟现实技术，它是目前技术最先进的增强现实头盔，可让用户在看到周围环境的同时叠加上一些虚拟场景。用户戴上 HoloLens 头盔，就像戴上一个普通眼镜一样，因为它的镜片是透明的。同时，这个透明的镜片还是一个显示器，能够在用户看到的真实的外部世界的基础上增加三维虚拟信息，产生一种虚实结合的效果。

1.3.2 摄像机（摄像头）

摄像机（摄像头）是实现增强现实技术最重要的硬件设备，常规的真实场景的采样、跟踪和标定技术都以摄像机为基本配置。摄像机作为一种廉价、标准、易于获取和集成的采样设备，有着巨大的市场需求。安装了摄像头的智能手机或者平板电脑也可以当作摄像机使用。当前，摄像头是智能手机以及平板电脑的标准配置，高分辨率的摄像头一般后置。因此，以摄像头作为传感器的增强现实技术一直处于高速发展中。目前，商用的摄像机成本越来越低，尺寸越来越小，分辨率越来越高，成像质貌也越来越好，这为增强现实技术的推广与普及打下了很好的基础。

按工作方式来分，摄像机可分为单目摄像机、双目摄像机和深度摄像机三大类。除此之外，还有全景摄像机等一些特殊种类，但它们没有成为主流研究设备的配置。

摄像机的工作方式可分为两大类。其中，一类为从外到内（outside-in）配置，如图 1-1（a）所示。这种配置要求摄像机固定于场景中，而模型或者应用者处于移动状态，具有位置求解容易但姿态求解困难的问题。而图 1-1（b）是从内到外（inside-out）的配置方式，摄像机跟随模型或者操作者移动，这种配置利用摄像机的移动来获取场景信息，具有姿态求解容易的优点。

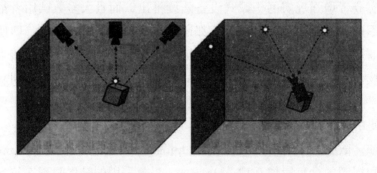

（a）从外到内　　　　（b）从内到外

图 1-1　摄像机的工作方式

以移动终端作为交互和展示载体，通过单目摄像机识别特殊图片或书本，再实时地把逼真的三维模型和二维图像叠加在平面图形之上，帮助用户理解画面信息。应用程序可以通过增强平面图形信息，提升使用者的注意力、记忆力、思维能力。当前主流的 AR 应用程序支持 Android、iOS、WP 等不同移动系统，可以为用户提供一种新的学习方式。通过进一步扩展，该成果还可用于新型图文教材的开发。

以 Oculus 为基础的增强现实技术的硬件增加了双目摄像机外设，利用摄像机识别场景，再实时地把逼真的三维虚拟人物模型叠加在地面上，利用双目视觉的沉浸效果，增加真实体验感。

1.3.3　体感交互设备

体感交互设备可以对场景或者人体的三维运动数据进行采样，多维度地将真实世界数据合成到虚拟环境中，是增强现实技术的重要设备。近年来，市场上三维体感交互设备的突破性产品连续出现，主要基于飞行时间（lime-of-flight，TOF）技术和三维激光扫描技术，二者的测量原理大致相同，都是测量光的往返时间。有所不同的是，基于三维激光扫描技术的设备是逐点扫描的，而基于 TOF 技术的设备则对光脉冲进行调制并连续发送和捕获整个场景的深度。有些体感交互设备是能够将真实世界的人体运动在模拟环境中进行实时精确的表示，从而增强现实的交互能力。例如，Kinect 体感交互设备可利用 RGB-D 摄像机获取场景的三维点云信息，可以对用户周围的环境进行实时三维扫描，实现对场景的深度感知，为场景感知和识别提供了很好的解决方案。这些设备可以获取精准的肢体深度信息，实现与虚拟模型或者角色的体感互动。

1.3.4　跟踪传感器

精确的运动跟踪对机器人和增强现实技术的应用具有重要意义，目前已出现多种不同的跟踪技术和方法，它们主要是利用各种传感器进行感知。例如，利用加速度计、陀螺仪、惯性测量单位（inertial measurement unit，IMU）、GPS 传感器和超声追踪仪进行感知。这些跟踪系统有的精度很高，但只能实现某一个维度的跟踪；有的精度很低，需要和其他传感器结合起来使用；有的传感器体积庞大，使系统很笨拙；也有一些采用基于视觉的方法，在场景中加入人工标识，把摄像机当作跟踪传感器，利用视觉技术跟踪和识别这些标识，可以实现增强现实技术的应用。

传统的基于微机的增强现实系统通常采用键盘、鼠标等进行交互。这种交互方式成本低，但精度不高，沉浸感也较差。基于标识及相关的跟踪技术出现后，人们就可以借助数据手套、力反馈设备、磁传感器等设备进行交互，这种方式的精度较高，沉浸感较强，但是成本也相对较高。

1.4　增强现实技术的难点

本节将从技术和社会两个方面讨论增强现实技术面临的难题。技术方面的难题涉及识别问题、传感准确度和基于不同的软硬件平台的编程局限性，以及诸如定位等使用问题；社会方面的难题涉及一些与增强现实技术没有直接关系，但在使用增强现实技术时会存在某些潜在的负面影响的问题。

1.4.1　增强现实技术的技术难题

只有保证复杂系统的各个部件正常工作，才能发挥其相应的功能，但是实际应用中总会存在一些问题。增强现实系统与这些复杂系统相似，也存在一些问题。尽管增强现实技术在技术方面正在不断获得改进与提高，但是截至目前，增强现实技术面临的最大技术难题仍然是目标识别和传感器准确度问题。

目标识别或者注册问题是当前限制增强现实技术应用的最基本的问题之一。真实世界和虚拟世界中的物体必须相互配准，否则就会减弱虚实世界共存的幻觉，甚至会导致注册失败。例如，在一些原本可以使用增强现实组件提供大量增强信息的应用中，由于未能做到精确注册，而使这些应用最终放弃使用增强现实技术。

移动增强现实及其系统对传感器精度也有要求。现代移动增强现实系统使用一种或多种跟踪技术，如数字摄像机或其他光学传感器、加速度计、GPS、陀螺仪、固态罗盘、射频识别和无线传感器等技术。这些技术能够提供不同级别的准确度和精度。当室内定位与视线跟踪涉及基于定位的增强现实技术时，也会面临一些挑战。

增强现实技术必须具有实用性。目前，增强现实技术主要用于娱乐和广告业，正在逐步扩张进入教育、医学、维修和其他领域，并一直在这些领域中寻找更加有效的方法或解决方案，未来增强现实有可能会变成人们日常生活中的习惯性选择。

1.4.2　增强现实技术的社会难题

与增强现实的技术难题相比，解决社会难题或非技术难题需要付出的时间和精力将会更大。原因很明显，如果人们不喜欢某个事物，通常就不会去使用它。因此，本节用对增强现实技术持有更多怀疑的观点作为开端，并提出一个问题："人们是否真的会舍弃增强现实技术？"

下面以其他技术发达国家作为判断基准。例如，在日本，增强现实技术很有可能会逐渐变得相当流行，而且采纳新技术是其文化的组成部分。在美国、欧洲和英国等其他国家，对增强现实新技术的接受程度可能会慢一些，但由于年轻人是伴随着这项技术长大的，因此最终增强现实技术在某种程度上的集成有可能是不可避免的。同时，增强现实技术当前面临的真正难题将持续到未来，特别是当这项技术处于成熟期的时候。

对增强现实技术而言，第一个真正的社会难题是人们拥有多条途径可以获得极好的用户体验。现在只有小范围的用户对增强现实技术表示满意或者认为其有一定的吸引力，但这种情况很快就会发生改变。目前，公众对增强现实技术的了解甚少，为了改变这种现状，必须开发具有一定功能的、经济的、学习曲线低的多种增强现实用户体验。

增强现实技术的第二个社会难题是隐私问题。因为摄像机是增强现实系统的核心组件之一，可以拍摄到用户想要看到的任何事物的图像和视频，使用类似增强现实软件 Viewdle 中的人脸识别技术，再结合地理位置信息，增强数据就会潜在地与用户进行在线和离线活动无缝集成。这意味着在真实世界中行走的人将不再只是孤立的人，而是物联网的一部分，并且具有数字影像，能够在线获取其全部信息。Daniel Suarez 的惊险小说《自由》就描述过这种情况，小说中有一个佩戴增强现实眼镜的人物，能够看到并识别出在街上行走的人，然后显示出他们的私人信息，而且使用悬浮在每个人头顶的正负美元数字表示每个人的资产净值。虽然这个例子有些极端，但这种情况在某些领域中是可能存在的。

人身安全风险是增强现实技术面对的第三个社会难题。在驾驶车辆时，使用移动电话会严重分散驾驶员的注意力，这是造成当前安全事故的原因之一。如果开发出能够显示驾驶方向的增强现实挡风玻璃，将有助于驾驶员驾驶。这种挡风玻璃与现在的计算机显示器的工作方式类似，同样具有许多视窗，能够显示不同类型的信息。于是，这个难题转变成这些视窗中哪一个应该对应着真实的路况信息。考虑到手机对驾驶的影响，不难想象在这种情况下，驾驶员会被各种各样的信息淹没。例如，当他们碰巧身处一个不熟悉的地区，而且正在使用增强现实界面或挡风玻璃寻找一家饭店并读取增强现实信息时，一些该地区的广告和优惠券信息时不时地弹出来，就会干扰驾驶员正常阅读需要的文本信息。

随着增强现实技术的日益流行，第四个社会难题也逐渐显露出来，即未经授权的增强广告。就像前文提到的那样，商人和广告客户已经开始关注增强现实技术。通过增强数字广告实时地实现真实世界资本化的概率非常大，而且利润很高，因此广告商们不会忽视这个方面。电影《少数派报告》中曾提到过这样一个极端的例子。当由 Tom Cruise 扮演的 John Anderton 走过商业街时，两旁商店的个性化广告对他进行了实时身份识别。当然，人们并不希望电影《少数派报告》里的这种情况发生。当增强现实技术发展到一定程度时，很有可能会对广告商进行适当管理，在他们没有获得足够权限之前，不可以在建筑物表面、墙壁和其他真实物体上增强显示营销信息。这个社会难题的分支之一是基于真实世界行为的不受欢迎的个人广告，这类广告把地理位置数据和个人公开的社交媒体信息结合在了一起。

1.5　增强现实技术的发展现状与发展展望

1.5.1　增强现实技术的发展现状

在过去的几十年里，增强现实技术不断发展并以其独有的方式进入现代技术领域，因此全面了解这项技术的发展现状非常有必要。

1. 教育

信息技术可以通过多种方式改变教育模式。例如，每个人都可以通过互联网得到大量信息，进行在线学习；创新黑板这样的可交互的人机交互工具是一种数字式黑板，它可以与学生交互操作，这是老式黑板不具有的教学功能。

增强现实技术在教育界颇受关注，这是因为学生在控制他们自身的学习并与真实环境和增强环境交互时，就会学到更多的知识。通过增强现实技术，学生能够操纵使用其他方式不可能把持的虚拟物体或者真实物体的模型，完成学习任务并掌握专业技能。在职业教育与军事训练方面，增强现实技术同样具有巨大的潜力。例如，利用增强现实技术，机修工能够获悉新设备的维修程序；炮兵能够记住如何使用特定型号的虚拟火炮。除了训练方式具有多样性之外，另一个优点是用户在虚拟训练中犯的错误不会给实际生活带来某些不利后果。虽然训练系统有多种学习方式，但是对于用户在训练中可能会犯的错误，它只会提供实时反馈和实境学习的机会。

2. 任务支持

增强现实技术未来最有潜力的用途之一是任务支持。增强现实技术一直用于给人们提供辅助，使人们更容易地完成诸如装配和维修这样的复杂任务。在美国邮局，我们可以发现增强现实技术在这方面的应用案例。增强现实应用程序让用户在邮寄包裹前检查包裹尺寸，这样有利于节省时间，并能让邮局工作人员的工作更轻松。另一个案例是移动增强现实打印机维修应用，它能展示出在移动环境中增强现实任务支持的未来和潜力。

3. 翻译

近几年来，随着人工智能识别技术的不断提高，增强现实翻译机得以快速发展。用户只需用智能手机指向希望翻译的文本，翻译的结果就会显示在手机屏幕上。Word Lens 就是这样一款增强现实翻译软件，它可以读取摄像机窗口中可见的文本，并会把翻译结果叠加显示在原始文本上。还有一个叫作 Intelligent Eye 的应用软件与 Word Lens 软件的工作方式大致相同。

4. 广告业

如今，越来越多的品牌看重手机的普及程度，开始把增强现实技术与它们之间的商业竞争联系起来。例如，日产、丰田、宝马和 Mini 汽车等公司都在使用杂志广告和增强现实技术给客户展示正在做广告的车型的全三维视图；乐高商店使用增强现实系统给儿童提供他们手中盒子里乐高玩具的栩栩如生的视频信息；影视业已经利用增强现实技术进行电影宣传，如电影《变形金刚》《钢铁侠》和《星际迷航》等。

东京购物区的"N 大厦"是增强现实技术在广告业中应用的较大案例之一。它以快速响应码为基础，购物者和行人使用增强现实技术可以获悉大厦中的实时信息以及大厦中海报的内容，而且大厦外部会根据季节的不同呈现出不同的增强装饰效果。

5. 导航

增强现实技术在导航方面的用途广泛，并且具有持续发展的潜力。例如，"百度地图"和"高德地图"这样的城市导航系统具有增强现实功能，可以实时地给用户提供他们所找地方的视觉导向，帮助他们找到餐饮和购物的地点。

另一个应用案例是 TapNav 系统。TapNav 系统使用了增强现实技术，可以把用户的行动路线叠加显示在前方道路上。通过简单的视觉提示，用户就可以快速看到他们应该去何处，这是该系统的优势所在。但是，这种应用目前尚存在几个缺点，其中最大的隐患是驾驶时浏览移动电话容易发生车祸。

6. 家居与工业应用

目前，增强现实技术在家居和工业环境中也有所应用。对于家居而言，全沉浸魔镜系统使用增强现实技术来放置和缩放显示虚拟家具和器皿，从而使用户获悉摆放实物后的景象。同样的软件也可以用于更大的工程。例如，可以比较数字模型与真实的实体模型，发现两者之间的差异。

7. 旅游

从字面上来看，增强现实技术与增强旅游体验的关系密切。利用增强现实技术开放周围景点隐藏的有趣信息，旅游者、观光客和研究人员就有机会探究该地的独特细节。目前有几款专门为旅游设计的增强现实应用软件，它能够给游客介绍当地的名胜古迹。例如，"数字故宫"小程序实现了 AR 实景导航功能，借助这一技术探索，观众可以在故宫内通过 AR 实景实时探路，解锁瑞兽三维模型，尝试更立体的参观体验。

8. 艺术

增强现实艺术品是当前增强现实技术的另一个应用。有一名称为 Konstruct 的软件可以让用户在增强现实环境里创建艺术品。一些现代艺术博物馆也可以让参观者使用手机观看隐藏在增强现实中的展览品。

9. 娱乐和游戏

全球的娱乐和游戏产业规模巨大，每年能够创利超百亿美元。如同引人注目的新技术一样，制片人和演艺人员始终倾向于从事能够给予观众较好感受的工作。随着移动市场的持续扩大，制片人和娱乐公司也忙于重新调查观众易于接受的娱乐方式。增强现实技术具有巨大的发展潜力，这项技术可以让用户随时随地，都能够与娱乐活动互动。

当前有许多可以在移动设备和台式计算机上运行的基于增强现实的游戏。在 iTunes 上简单地检索"增强现实"术语，就能够发现许多可以在移动设备上运行的游戏，当然也有很多游戏正处于发布状态。

Parrot AR.Drone 遥控四轴飞行器是另一个案例。它把飞行远程控制玩具与 iPhone 手机或 iPad 平板电脑程序结合了起来。安装了相关程序后，用户可以使用 iPhone 手机或者 iPad 平板电脑，通过加速度计和触觉接口控制四轴飞行器。除此之外，四轴飞行器上还装有一个摄像机，能够让用户从四轴飞行器的视角观察事物，并与其他玩家进行虚拟空战。

10. 社交网络

随着社交网站使用量的持续增长以及移动社交网络的逐渐流行，增强现实技术能够产生更加丰富的社交网络体验。移动应用原型 Recognizr 就是一个例子，它可以让用户通过手机"看到"对方的介绍，并且获悉对方与哪些网络服务和社交网络相关联。

1.5.2 增强现实技术的发展展望

当前，围绕增强现实技术的宣传与过去的技术宣传相似，如 20 世纪 90 年代对虚拟现实技术的宣传，以及 21 世纪初对诸如网络虚拟游戏"第二人生"的三维在线团体的技术宣传。但那些技术实际上并没有做到像宣传中说的那样，因此许多消费者在新鲜感消失后就很少使用它们了。

增强现实技术正在经历着相似的考验，但与那些技术相比，其还存在一些差异，正是这些差异给予了增强现实技术获得广泛成功的良机。目前，移动智能手机已经成为全球基础设施的组成部分，并且正快速地成为所有国家基础设施的组成部分。移动电话将作为现在的增强现实与未来的增强现实之间的桥梁，尤其当移动电话在速度和性能方面不断提高的时候，它的桥梁功能会更加明显。通过继续使用当今移动设备中具有的混合跟踪和传感器融合技术，我们将会克服一些识别方面的难题，相应地创造出能给增强现实技术提供越来越多有趣且有实用内容的环境。

第 2 章　增强现实理论基础

2.1　增强现实的空间坐标系

要实现虚实融合，就必须正确计算出用户的观察视角，这样才能正确渲染出虚拟数字信息（尤其是三维模型的）的位置与姿态（以下简称"位姿"）。无论是虚拟物体还是真实环境，其最终都会投影在成像平面（即显示屏幕）中，这样用户才能够看到虚实融合的增强现实场景。一方面，由于虚拟物体在虚拟世界坐标系中的位姿信息是预设好的，而真实物体在真实世界坐标系中的位姿信息也可以预先设定好或通过视觉、跟踪器等方式实时获得，因此它们都可以看成系统的已知值。另一方面，虚拟世界坐标系与真实世界坐标系之间的变换关系一般可以近似看作固定不变的线性变换，故其变换关系也为已知值。而成像平面上的图像是以观察坐标系为基础在平面上投影而来的，由摄像头的内部参数决定，因此也是已知值。综上所述，对增强现实系统而言，实际只有世界坐标系与观察坐标系之间的变换关系是根据用户视角变化而变化的。

2.1.1　成像坐标系

成像坐标系是用于描述摄像头所拍摄到的二维数字图像（$m \times n$ 阵列）每个像素点位置的二维坐标体系。根据所描述的单位不同，成像坐标系可分为以像素为单位的像素坐标系与以物理单位（如 mm）表示的图像坐标系两种。

像素坐标系中每一个坐标点相对应的是 $m \times n$ 阵列中的一个元素（即像

素），这个元素的数值是该图像点的亮度值（若为灰度图，图像点的亮度是单一数值；若为彩色图，图像点的亮度是红、绿、蓝三色的亮度值）。由于像素坐标系描述的是一个一个离散的像素点，如图 2-1 所示，因此像素坐标系也称为离散图像坐标系。

由于像素坐标系只表示数字图像的列数和行数，并没有用物理单位表示出该像素在图像中的物理位置，因此为了能够与真实三维场景相对应，还需要建立以物理单位表示的坐标系O_1XY，称为图像坐标系，如图 2-2 所示。

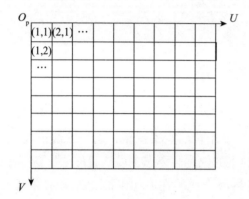
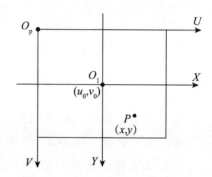

图 2-1　像素坐标系　　　　　　　图 2-2　图像坐标系

数字图像中的任意一点都可以作为图像坐标系的原点O_1，该点称为图像的主点。假定O_1在O_pUV像素坐标系中的坐标为(u_0, v_0)，每个像素在图像坐标系X轴与Y轴方向上的物理尺寸为 dx、dy，则图像中任意一个像素在这两个坐标系下的相互转换关系为

$$\begin{cases} u = \dfrac{x}{\mathrm{d}x} + u_0 \\ v = \dfrac{y}{\mathrm{d}y} + v_0 \end{cases} \tag{2-1}$$

式（2-1）可转化为齐次方程，即

$$\begin{bmatrix} u \\ v \\ 1 \end{bmatrix} = \begin{bmatrix} 1/\mathrm{d}x & 0 & u_0 \\ 0 & 1/\mathrm{d}y & v_0 \\ 0 & 0 & 1 \end{bmatrix} \begin{bmatrix} x \\ y \\ 1 \end{bmatrix} \tag{2-2}$$

2.1.2　观察坐标系（摄像机坐标系）

如图 2-3 所示，将图像坐标系原点 O_1 定义在摄像头光轴上，由点 O 与 X_C 轴、Y_C 轴和 Z_C 轴组成的三角坐标系称为观察坐标系，以 O_cO_1 则为摄像机焦距。

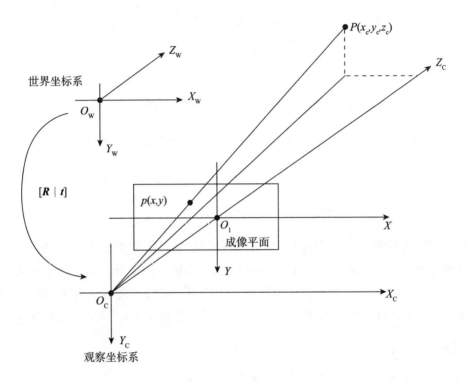

图 2-3　图像坐标系、观察坐标系与世界坐标系

图 2-3 所描述的是理想状态，图像坐标系的原点 O_1 刚好在摄像机光轴上，但实际上，原点 O_1 不一定就在光轴上，为了对这个偏移进行修正，就需要引入两个新参数 c_x 和 c_y。

此外，由于摄像机成像后的像素并不一定是正方形的，也有可能是矩形的，因此我们引入了两个焦距参数（以像素为单位）f_x 与 f_y。

观察坐标系中的点 $P(x_c, y_c, z_c)$ 在成像平面中对应的点为 $p(x, y)$，其坐标关系为

$$\begin{cases} x_c = f_x\left(\dfrac{x}{z}\right) + c_x \\[3mm] y_c = f_y\left(\dfrac{y}{z}\right) + c_y \end{cases} \qquad (2\text{-}3)$$

在式（2-3）中，f_x 与 f_y 和物理焦距 F 之间的关系为

$$\begin{cases} f_x = FS_x \\ f_y = FS_y \end{cases} \qquad (2\text{-}4)$$

式中：S_x，S_y 为 x_c，y_c 方向上每毫米长度代表的像素量。

f_x 和 f_y 是在摄像机标定中计算得到的，而不是通过式（2-4）计算出来的。

2.1.3 世界坐标系

由于摄像机可安放在环境中的任意位置，因此需要在环境中选择一个基准坐标系来描述摄像机的位置以及环境中其他物体的位置，该坐标系称为世界坐标系。世界坐标系与观察坐标系之间的关系可以用旋转矩阵 $\boldsymbol{R}$ 与平移向量 $\boldsymbol{t}$ 来描述。设空间点 P 在世界坐标系与观察坐标系上的齐次坐标分别表示为 $[\,x_w \quad y_w \quad z_w \quad 1\,]$ 与 $[\,x_c \quad y_c \quad z_c \quad 1\,]$，则存在

$$\begin{bmatrix} x_c \\ y_c \\ z_c \\ 1 \end{bmatrix} \qquad (2\text{-}5)$$

式中：$\boldsymbol{R}$ 为 3×3 正交单位矩阵；$\boldsymbol{t}$ 为三维平移向量；$\boldsymbol{O}$ 为零矩阵；$\boldsymbol{M}_2$ 为 4×4 矩阵。

2.1.4 虚拟世界坐标系

虚拟世界坐标系是指描绘虚拟物体的坐标系。这个最后要与世界坐标系的坐标进行转换，从而确定虚拟物体在世界坐标系中的位姿，其转换关系为

$$[\,x_w \quad y_w \quad z_w \quad 1\,] \qquad (2\text{-}6)$$

式中：B 为虚拟世界坐标系到世界坐标系的转换矩阵。

一般来说，虚拟世界坐标系与世界坐标系之间的转换关系在设计增强现实系统时就确定下来了，因此矩阵 B 是已知的。对于视频式增强现实系统而言，虚拟世界坐标系与世界坐标系一般是完全重叠的，即矩阵 B 为单位矩阵。

2.2　摄像机成像模型及其标定方法

增强现实系统主要通过计算机视觉的方法实现其三维注册，其基本问题是如何把三维场景中的坐标与摄像机所拍摄到视频图像的二维坐标联系起来。

二维成像平面与三维场景之间的变换关系为

$$Z_c \begin{bmatrix} u \\ v \\ 1 \end{bmatrix} = \begin{bmatrix} \alpha_x & \gamma & u_0 \\ 0 & \alpha_y & v_v \\ 0 & 0 & 1 \end{bmatrix} \tag{2-7}$$

从式（2-7）可知，二维成像平面与三维场景之间的变换与摄像机内部参数心 α_x，α_y，u_0，v_0 以及径向畸变修正量 γ 有关。下面将详细介绍摄像机成像模型的概念及其标定方法。

2.2.1　摄像机成像模型

摄像机成像模型是描述三维空间点与摄像机成像平面中的像素点之间的映射关系的数学模型，是对景物成像到图像平面上的物理过程的数学描述（图 2-4）。它与三维物体点的空间位置、摄像机焦距以及物体或摄像机 r 相对运动参数等有关，而与二维图像的强度信息无关。

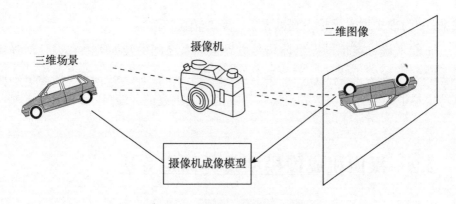

图 2-4　摄像机成像模型的作用

虽然摄像机的成像过程是非线性的，但为了简化运算，一般会用线性摄像机模型（又称为针孔成像模型）来近似表示，图 2-5 表示的是与线性摄像机模型相关的三个坐标系之间的关系。

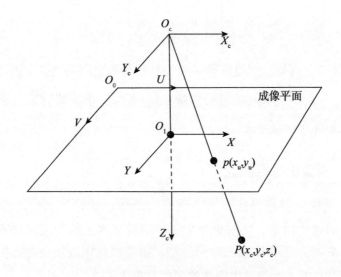

图 2-5　线性摄像机模型涉及的三个坐标系

在图 2-5 中，$O_cX_cY_cZ_c$ 为观察坐标系，O_0UV 为以像素为单位的像素坐标系，O_1XY 为以毫米为单位的图像坐标系。设某空间点 $P(x_c, y_c, z_c)$ 在成像平面的坐标为 $p(x_u, y_u)$，f 为平面 $O_cX_cY_c$ 到成像平面之间的距离，即摄像机的焦距。则点 P 与 p 之间的投影关系为

$$s\begin{bmatrix} x_u \\ y_u \\ 1 \end{bmatrix} = \begin{bmatrix} f & 0 & 0 & 0 \\ 0 & f & 0 & 0 \\ 0 & 0 & 1 & 0 \end{bmatrix}\begin{bmatrix} x_c \\ y_c \\ z_c \\ 1 \end{bmatrix} = \boldsymbol{P}\begin{bmatrix} x_c \\ y_c \\ z_c \\ 1 \end{bmatrix} \quad (2\text{-}8)$$

式中：s 为比例因子；$\boldsymbol{P}$ 为透视投影矩阵。

把式（2-2）代入式（2-8），得到以观察坐标系表示的点 P 坐标与其投影点 p 的坐标 (u, v) 的关系为

$$s\begin{bmatrix} u \\ v \\ 1 \end{bmatrix} = \begin{bmatrix} \dfrac{1}{dx} & 0 & u_0 \\ 0 & \dfrac{1}{dy} & v_0 \\ 0 & 0 & 1 \end{bmatrix}\begin{bmatrix} f & 0 & 0 & 0 \\ 0 & f & 0 & 0 \\ 0 & 0 & 1 & 0 \end{bmatrix}\begin{bmatrix} x_c \\ y_c \\ z_c \\ 1 \end{bmatrix} = \begin{bmatrix} \alpha_x & 0 & u_0 & 0 \\ 0 & \alpha_y & v_0 & 0 \\ 0 & 0 & 1 & 0 \end{bmatrix}\begin{bmatrix} x_c \\ y_c \\ z_c \\ 1 \end{bmatrix} \quad (2\text{-}9)$$

式中：α_x、α_y 为 U 轴、V 轴上的尺度因子（也分别被称为 U 轴与 V 轴上归一化焦距），其计算式为

$$\begin{cases} \alpha_x = \dfrac{f}{dx} \\ \alpha_y = \dfrac{f}{dy} \end{cases} \quad (2\text{-}10)$$

把式（2-5）代入式（2-9），可得到投影点 p 与世界坐标系之间的关系（即摄像机的线性成像模型）为

$$s\begin{bmatrix} u \\ v \\ 1 \end{bmatrix} = \begin{bmatrix} \alpha_x & 0 & u_0 & 0 \\ 0 & \alpha_y & v_0 & 0 \\ 0 & 0 & 1 & 0 \end{bmatrix}\begin{bmatrix} \boldsymbol{R} & \boldsymbol{t} \\ \boldsymbol{O}^{\mathrm{T}} & 1 \end{bmatrix}\begin{bmatrix} x_w \\ y_w \\ z_w \\ 1 \end{bmatrix} = \boldsymbol{M}_1\boldsymbol{M}_2\boldsymbol{X}_w = \boldsymbol{M}\boldsymbol{X}_w \quad (2\text{-}11)$$

由于 α_x，α_y，u_0，v_0 只与摄像机内部结构有关，因此这些参数称为摄像机的内参数，记为 $\boldsymbol{M}_1$。而 $\boldsymbol{M}_2$ 摄像机相对于世界坐标系的方位决定，称为摄像机外参数。对于增强现实系统来说，$\boldsymbol{M} = \boldsymbol{M}_1\boldsymbol{M}_2$，称为投影矩阵（又称为注册矩阵）。

由式（2-11）可见，已知摄像机的内外参数，也就知道了投影

矩阵 M，这时对于任何空间点 P，均可以通过其在世界坐标系的坐标 $X_w = \begin{bmatrix} x_w & y_w & z_w & 1 \end{bmatrix}$，求出它的图像点 p 的坐标 (u,v)。但如果反过来，已知图像点 p 的坐标 (u,v)，即使已知摄像机的内外参数，X_w 也不能唯一确定。

式（2-11）代表的只是一个理想化了的线性摄像机模型，但真实的镜头带有不同程度的畸变，这使空间点所成的像并不在线性模型所描述的位置上，而是在受到镜头失真影响而偏移的实际像平面坐标上。为此，我们引入了一个径向畸变的修正量 γ 来修正该畸变，则式（2-11）变为

$$s \begin{bmatrix} u \\ v \\ 1 \end{bmatrix} = \begin{bmatrix} \alpha_x & \gamma & u_0 & 0 \\ 0 & \alpha_y & v_0 & 0 \\ 0 & 0 & 1 & 0 \end{bmatrix} \begin{bmatrix} R & t \\ O^T & 1 \end{bmatrix} \begin{bmatrix} x_w \\ y_w \\ z_w \\ 1 \end{bmatrix} = C \begin{bmatrix} R & t \end{bmatrix} \begin{bmatrix} x_w \\ y_w \\ z_w \\ 1 \end{bmatrix} \qquad (2-12)$$

式中：C 为摄像机内参数矩阵。

$$C = \begin{bmatrix} \alpha_x & \gamma & u_0 \\ 0 & \alpha_y & v_0 \\ 0 & 0 & 1 \end{bmatrix} \qquad (2-13)$$

2.2.2 摄像机的标定方法

要建立摄像机图像像素位置与场景点位置之间的相互关系，就需要确定某一摄像机的内外参数，也就是我们常说的摄像机标定。

标定的基本思路如下：根据摄像机模型，由已知特征点的图像坐标和世界坐标求解摄像机的模型参数（即上述的内外参数）。国内外许多学者提出了很多不同的摄像机标定方法，如基于三维立体靶标的摄像机标定方法、基于径向约束的摄像机标定方法，以及基于二维平面靶标的摄像机标定方法等，这些方法都得到了广泛应用。

由于基于三维立体靶标的摄像机标定方法中的三维立体靶标的制作成本较高，加工精度会受到一定的限制，因此增强现实技术普遍采用相对简单的基于二维平面靶标的摄像机标定方法。基于二维平面靶标的摄像机标定方法假定摄像机内参数均为常数，只有外参数会因摄像机与靶标之间的位置关系发生改变而改变。因此，它只要求摄像机在两个以上不同的方位拍摄一个平面靶标（通常会用 10 幅左右的图片进行标定），而且摄像机和二维平面靶标

都可以随意移动，不需要记录任何变动前后的位置参数。根据平面靶标的不同，我们设定的基于二维平面靶标的摄像机标定方法有两种，一种是由张正友等人提出的基于平面方格点的摄像机标定方法，另一种是杨长江等人提出的基于平面二次曲线的摄像机标定方法。由于张正友等人提出的基于平面方格点的摄像机标定方法（简称张正友标定方法）使用最为广泛，因此本节将重点介绍这一标定方法的详细步骤。张正友标定方法基本流程如图 2-6 所示。

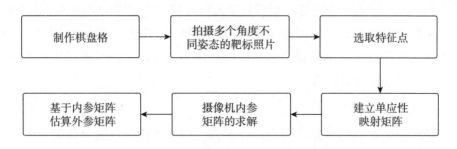

图 2-6　张正友标定方法的基本流程

1. 制作棋盘格

制作黑白相间的棋盘格图片，如图 2-7 所示。值得注意的是，这种棋盘格图片并不是规定只能黑白相间，也可以是由若干个黑色正方形所组成。将设计好的棋盘格图片打印出来并粘贴在相应的硬纸板上即完成棋盘格的制作。

图 2-7　黑白相间的棋盘格图片

2. 拍摄多个角度不同姿态的靶标照片

使用摄像机通过调整标定物或摄像机的方向，为标定物拍摄一些不同方向的照片，一般可采集 10 张不同状态下的棋盘格图片。虽然张正友等人的论文里只用了 5 张图片，但是建议使用 10 张左右的模盘图片，一方面，因为我们实际应用中的标定板通常都是用 A4 的纸打印出图片并贴在一块硬板上形成的，标定板上的世界坐标精度本身就不高，多拍摄几张图像能减小这方面的误差。另一方面，由于标定板所在平面与成像平面之间的夹角太小的时候，其标定精度会大幅降低，因此为了提高标定精度，在选取靶标照片时，必须确保标定板所在平面与成像平面之间的夹角不会太小，同时需要尽可能避免两块标定板是平行放置的。

3. 选取特征点

理论上特征点可以是靶标上的任意点，但为了便于找到每张照片上的对应特征点，一般会在靶标上均匀选取 10 个特征点，并确保任意 4 个特征点不共线。

由于空间点 M_i 与图像点 m_i 之间存在如式（2-12）所示的映射关系，因此标定的真正目的就是将摄像机拍摄到的图像与三维空间的物体之间的线性变换矩阵求解出来。为简化运算，可以假设靶标平面在世界坐标系的 X_wY_w 平面上（即 $Z_w = 0$），代入式（2-12），有

$$s\begin{bmatrix} u \\ v \\ 1 \end{bmatrix} = A\begin{bmatrix} r_1 & r_2 & r_3 & t \end{bmatrix}\begin{bmatrix} x \\ y \\ 0 \\ 1 \end{bmatrix} = A\begin{bmatrix} r_1 & r_2 & t \end{bmatrix}\begin{bmatrix} x \\ y \\ 1 \end{bmatrix} \qquad (2-14)$$

记图像平面上的点的齐次坐标为 $\widetilde{m} = \begin{bmatrix} u & v & 1 \end{bmatrix}^T$，空间上的点的齐次坐标为 $\widetilde{M} = \begin{bmatrix} x & y & 1 \end{bmatrix}^T$，则式（2-13）在齐次坐标系下的变换关系为

$$\widetilde{m} = \lambda A\begin{bmatrix} r_1 & r_2 & t \end{bmatrix}M = H\widetilde{M} \qquad (2-15)$$

式中：H 为所要求的映射矩阵。

$$H = \begin{bmatrix} h_1 & h_2 & h_3 \end{bmatrix} = \lambda A\begin{bmatrix} r_1 & r_2 & t \end{bmatrix} \qquad (2-16)$$

式中：λ 为放缩因子标量（即 s 的倒数）；t 为从世界坐标系的原点到光心的向

量；r_1，r_2 为图像平面两个坐标轴在世界坐标系中的方向向量（即绕世界坐标 X_w，Y_w 轴旋转）。

由于 H 矩阵是单应性矩阵，它的组成为

$$H = \begin{bmatrix} h_{11} & h_{12} & h_{13} \\ h_{21} & h_{22} & h_{23} \\ h_{31} & h_{32} & 1 \end{bmatrix} \qquad (2-17)$$

其未知量只有 8 个。

在式（2-15）中，$\widetilde{m}$ 是图像坐标，可以通过摄像机获得，而 $\widetilde{M}$ 作为标定物的坐标，也可以在进行标定拍摄时人为控制。根据单应性矩阵的特点，同时把每组对应点的值代入式（2-15）中，可以得到两个方程组。因此，只要 4 组对应点就可以获得 8 个方程，从而得到 H 的唯一解。

值得注意的是，虽然已知 4 个点的坐标就能求解出 H，但在实际使用中，对应点或多或少会存在误差，因此需要采用多于 4 组对应点来降低误差对结果的影响。H 的目标搜索函数用于确保实际图像坐标 W 与根据式（2-15）计算出的图像坐标 m_i 之间的差值最小，即

$$\min \sum \left\| m_i - \widetilde{m_i} \right\| \qquad (2-18)$$

4. 摄像头内参矩阵的求解

由前述可知，单应性映射矩阵 H 实际上是摄像机内参矩阵和外参矩阵的合体。因此，为了获得摄像机的内外参数，需要先把内参数求出来，然后外参数也就可以随之求解出。

根据物理含义可知，单应性映射矩阵 H 具有如下两个约束条件：

（1）r_1、r_2 为标准正交矩阵，即 $r_1^T r_2 = O$，且 $r_1^T r_1 = r_2^T r_2$。

（2）旋转向量的模为 1，即 $|r_1| = |r_2| = 1$。

根据这两个约束条件，可得到两个基本方程，即

$$\begin{cases} h_1^T A^{-T} A^{-1} h_2 = h_1^T B h_2 = O \\ h_1^T A^{-T} A^{-1} h_1 = h_2^T A^{-T} A^{-1} h_2 \end{cases} \qquad (2-19)$$

由式（2-16）可知，h_1、h_2 为映射矩阵 H 的元素，H 的求解方法已在

前述阐明，那么未知量就仅仅剩下内参矩阵 A。内参矩阵 A 包含 5 个参数：α，β，u_0，v_0，γ。由于一个转换矩阵有 8 个自由度，而外参数则占 6 个（3 个轴的旋转与 3 个轴的平移），因此一个转换矩阵只能获得摄像机内参数的两个约束。要求解 5 个参数，就必须有至少 3 个单应性矩阵，即需要至少 3 张不同的照片。由式（2-18）可知，矩阵 B 为一个对称矩阵，其定义为

$$B = A^{-T}A^{-1} = \begin{bmatrix} B_{11} & B_{12} & B_{13} \\ B_{12} & B_{22} & B_{23} \\ B_{13} & B_{23} & B_{33} \end{bmatrix} \qquad (2-20)$$

显然，由式（2-20）可设定一个六维向量 b 为

$$b = \begin{bmatrix} B_{11} & B_{12} & B_{22} & B_{13} & B_{23} & B_{33} \end{bmatrix} \qquad (2-21)$$

映射矩阵 H 的第 i 列向量记为

$$h_i = \begin{bmatrix} h_{i1} & h_{i2} & h_{i3} \end{bmatrix}^T \qquad (2-22)$$

因此可以进行进一步地纯数学化简为

$$h_i^T B h_j = v_{ij}^T b \qquad (2-23)$$

其中，

$$v_{ij} = \begin{bmatrix} h_{i1}h_{j1} & h_{i1}h_{j2}+h_{i2}h_{j1} & h_{i2}h_{j2} & h_{i3}h_{j1}+h_{i1}h_{j3} & h_{i3}h_{j2}+h_{i2}h_{j3} & h_{i3}h_{j3} \end{bmatrix}^T \quad (2-24)$$

则式（2-18）可表达为两个以 b 为未知数的齐次方程。其中一个为

$$\begin{bmatrix} v_{12}^T \\ (v_{11}-v_{22})^T \end{bmatrix} b = O \qquad (2-25)$$

式（2-25）所表示的是单张靶标图片，若有 n 张靶标图片，则将式（2-24）叠起来，可得

$$Vb = O \qquad (2-26)$$

式中：V 为 $2n \times 6$ 矩阵。

由此定义可知，当有 3 张或 3 张以上的靶标图片时，可通过对矩阵 V 进行奇异值分解（SVD）求解出 b。若只有两张图片，则需要舍掉一个内参数 γ（设其为零），这样可得到一个附加方程为

$$\begin{bmatrix} 0 & 1 & 0 & 0 & 0 & 0 \end{bmatrix} b = O \qquad (2-27)$$

将式（2-27）代入式（2-26），就可求解出 b。

在 b 求解出来后，进行乔利斯基（Cholesky）分解并对其求逆，就可以得到摄像机的内参矩阵 A。

5. 基于内参矩阵估算外参数

由内参矩阵 A，可以得到摄像头的外参数如下：

$$\begin{cases} \boldsymbol{r}_1 = \lambda \boldsymbol{A}^{-1} \boldsymbol{h}_1 \\ \boldsymbol{r}_2 = \lambda \boldsymbol{A}^{-1} \boldsymbol{h}_2 \\ \boldsymbol{r}_3 = \boldsymbol{r}_1 \times \boldsymbol{r}_2 \\ \boldsymbol{t} = \lambda \boldsymbol{A}^{-1} \boldsymbol{h}_3 \end{cases} \quad (2-28)$$

其中，

$$\lambda = 1 / \left\| \boldsymbol{A}^{-1} \boldsymbol{h}_1 \right\| = 1 / \left\| \boldsymbol{A}^{-1} \boldsymbol{h}_2 \right\| \quad (2-29)$$

2.3　摄像机位姿估算

增强现实系统具有一个观察坐标系，该坐标系主要用于从观察者的角度对整个世界坐标系内的对象进行重新定位和描述。通俗地讲，该坐标系相对世界坐标系的位置决定了用户能看到哪些虚拟的物体，以及所看到的各个虚拟物体之间的位置关系是怎样的（图 2-8）。

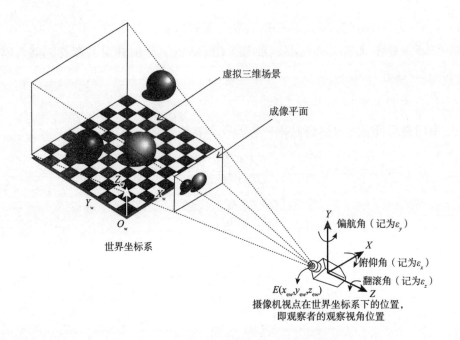

图 2-8　摄像机位姿在世界坐标系下的描述

从图 2-8 可知，摄像机在世界坐标系下有 6 个独立的自由度，即视点的世界坐标值 $E(x_{ew}, y_{ew}, z_{ew})$，以及摄像机绕 X、Y、Z 轴的旋转角，分别是俯仰角（pitch-angle，记为 ε_x）、偏航角（yaw-angle，记为 ε_y）、翻滚角（roll-angle，ε_z），据此可以计算出增强现实系统所需的变换矩阵 $\boldsymbol{M}$ 为

$$\boldsymbol{M} = \boldsymbol{R}_z(\gamma)\boldsymbol{R}_y(\beta)\boldsymbol{R}_x(\alpha)\boldsymbol{T}(d)$$

$$= \begin{bmatrix} \cos\varepsilon_z & -\sin\varepsilon_z & 0 & 0 \\ \sin\varepsilon_z & \cos\varepsilon_z & 0 & 0 \\ 0 & 0 & 1 & 0 \\ 0 & 0 & 0 & 1 \end{bmatrix} \begin{bmatrix} \cos\varepsilon_y & 0 & \sin\varepsilon_y & 0 \\ 0 & 1 & 0 & 0 \\ -\sin\varepsilon_y & 0 & \cos\varepsilon_y & 0 \\ 0 & 0 & 0 & 1 \end{bmatrix} \begin{bmatrix} 1 & 0 & 0 & 0 \\ 0 & \cos\varepsilon_x & -\sin\varepsilon_x & 0 \\ 0 & \sin\varepsilon_x & \cos\varepsilon_x & 0 \\ 0 & 0 & 0 & 1 \end{bmatrix} \begin{bmatrix} 1 & 0 & 0 & x_{ew} \\ 0 & 1 & 0 & y_{ew} \\ 0 & 0 & 1 & z_{ew} \\ 0 & 0 & 0 & 1 \end{bmatrix}$$

$$(2-30)$$

在上述这 6 个值均确定后，计算机就能够根据这些信息绘制出三维模型在成像平面上相对应的投影图。

　　在增强现实系统中，由于观察用摄像机是安装在用户头部替代人眼去观察世界的，因此上述的 6 个自由度的值是动态变化的，且 6 个自由度的值的变化直接影响计算机绘制的结果。

　　因此，如何对摄像机的位姿参数进行实时估计并把计算机生成的虚拟模型准确地叠加到真实环境中是增强现实技术所需要解决的核心问题，这一般称为三维注册问题（或称为配准问题）。上述 6 个自由度可以通过安装在头部的磁位置跟踪器等定位跟踪硬件设备直接获取，然后套用式（2-30）可直接求出注册矩阵 M。而基于计算机视觉的增强现实技术，可通过对视频捕获设备获取的图像进行分析计算，以获取场景的信息并直接获取摄像机的注册矩阵 M，不需要独立求解出本节所提及的 6 个独立自由度变量，具有成本低、快捷和轻便的优点，是增强现实技术的重要发展方向。

第 3 章　增强现实系统的显示技术

3.1　显示设备的分类及概述

3.1.1　屏幕显示器

屏幕显示是最传统也最常见的显示方式。因为增强现实技术是在虚拟现实技术的基础上发展起来的，所以虚拟现实系统中的三维屏幕显示器也可用在增强现实系统中。三维显示能够提供直观、自然的交流模式，因而有助于人们综合运用各种深度暗示，获得真实、丰富、可靠的感知体验。按照工作原理，三维显示器可以分为视差型三维显示、透视三维显示、全息三维显示和真三维显示等几类。

视差型三维显示是最早实现的立体显示方式，可分为需要助视工具和不需要助视工具两大类。需要佩戴偏振眼镜、互补色眼镜或液晶眼镜的视差型三维显示器是最早出现并产业化的立体显示装置。利用时间分割或者空间分割的方式，左右眼可以分别观看一幅视差图，再通过大脑融合形成立体影像。现在一些大型影院或科普单位依然采用这类显示方式。例如，北京天文馆采用这类显示设备播放"史前海洋生物""恐龙时代"等节目，获得了较好的科普效果。但这类显示装置需要佩戴专用的眼镜，成本较高，用户使用起来也不是很方便。

随着液晶（LCD）和等离子（PDP）的出现，不需要助视工具的自由立体显示器问世，这类显示装置采用光栅或柱面栅分离左右眼图像，目前该类型显示装置早已产业化。荷兰的 Philips 公司、美国的 DTI 公司、德国德累斯顿应用技术大学以及日本的 Sony 公司都各自研制了 26.4 ～ 53.3 cm（10.4 ～ 21in）不等尺寸的立体液晶显示器或立体等离子显示器。国内的欧亚宝龙公司也已推出了自己的自由立体显示器。视差型三维显示虽然能够带给用户具有深度空间感觉的虚拟立体感，但是它只能提供分离的视区和有限的视点个数。因此，用户在长时间观看时，无论是否需要佩戴特殊眼镜，这种靠大脑融像产生的非自然深度感都会导致头痛、恶心等反应。

透视三维显示利用阴影和遮挡等多种心理暗示，采用计算机图形学技术对深度信息进行编码，将三维场景以透视形式显示在二维平面上。实际上，利用这种方法生成的三维图像是显示在平面显示器上的二维图像，但它能够提供深度错觉。透视三维显示只能提供部分单眼深度暗示，缺乏运动视差以及双眼深度暗示，因此只适用于对深度估计精度要求不高的场合。

全息三维显示利用光的干涉原理，将物体散射或发射的特定光波以干涉条纹的形式记录下来，然后利用光的衍射原理，在一定的条件下再现。全息术的特点在于记录了完整的波前信息，能够提供一种与观察原物时相同的视觉效果。但也正因为如此，其信息量比其他三维图像大了好几个数量级。大场景全息三维显示信息量之大，对空间光调制器、计算机的处理速度、存储容量和传输带宽的要求之高，都是目前软硬件技术所无法实现的。

真三维显示是根据屏幕的形状、运动方式和位置，将三维物体切片并解析成二维图像。当屏幕运动时，能在指定位置将解析的图像显示于屏幕上，利用人眼视觉暂留重构三维图像。真三维显示是三维显示的最终目标，它是一种能够实现 360° 视角观察的三维显示技术，是现实景物最真实的再现。与二维显示器相比，由之再现的三维场景真实地存在于用户所在的物质世界中，能提供几乎所有的视觉深度暗示，具有更宽的视场和更大的视距范围，完全符合人类对真实场景的观看方式，能够更好地传达物体间的相互空间位置关系信息，进而降低发生误判或错判的可能性，协助用户更快地做出判断。与 2D 显示器相比，真三维显示器可作为 3D 设计、可视化的显示终端。在模具设计和外形设计等领域，如在飞机、汽车或者手机外形设计方面，在未生产样品前，就能够获得几乎与实际物体相同的直观效果，有助于提高设计和制造人员的工作效率，缩短产品的试制周期。在飞机风洞实验中，配合各种传感器，利用该系统可以帮助设计人员更加准确地完成空气动力学的设计和实

验。真三维显示图像无遮挡，具有透视效果，因此该系统尤其适用于医疗中
CT 图像的显示，可以帮助医生更好地确定病灶的位置，从而进行有效治疗。
除此以外，真三维显示在机械装配、气象分析和空中交通管理、军事模拟以
及广告娱乐等领域也具有广阔的应用前景。

上述大多数显示设备都具有很好的立体显示效果，在很多应用系统中都
得到了成功的应用。增强现实的主体是真实环境，不像虚拟现实那样要求用
户完全沉浸在虚拟环境中，需要添加的虚拟信息只是起到增强辅助的作用。
因此，包括真三维显示设备在内的各类屏幕显示器在增强现实系统中都得到
了广泛应用。

3.1.2　头盔显示器

头盔显示器（head-mounted display，HMD）是增强现实系统中最典型
的显示设备。顾名思义，HMD 是安装在头盔上的显示装置。HMD 将随用户
的头部运动而运动。增强现实系统的运动跟踪装置一般都安装在 HMD 上，
以实时跟踪用户头部的位置和方向。根据这些方位信息，就可以实时计算出
对应于用户当前姿态的虚拟对象的位姿，并将其显示在头盔显示器的屏幕上。

VR 系统强调用户在虚拟环境中的视觉、听觉、触觉等感官的完全沉浸，
强调将用户的感官与现实世界绝缘而沉浸在一个完全由计算机所控制的信息
空间之中。通常需要借助能够将用户视觉与现实环境隔离的显示设备，一般
采用浸没式头盔显示器。AR 系统致力于将计算机产生的虚拟环境与真实环境
融为一体，增强用户对真实环境的理解，因此需要借助能够将虚拟环境与真
实环境进行融合的显示设备，通常采用透视式 HMD。

透视式 HMD 最初发明于 20 世纪 60 年代，Sutherland 1965 年设计的光
学透视式 HMD 和 1968 年设计的立体 HMD 是最早的使用微型 CRT 的基于
HMD 的计算机图形显示设备。几乎所有的后续透视式 HMD 都是光学透视
式的。

目前，国际市场上生产头盔显示器的厂家及其主要产品如下。

1.Virtual I/O

Virtual I/O 公司生产了 i-glasses ™ 和 i-glasses ™ LCB 设备，其中
i-glasses ™ LCB 是低端产品的代表，使用 18 万像素的 LCD，支持 S-video、

NTSC 输入，视场角为 30°，质量为 226 g，售价低于 500 美元。

i-glasses™ SVGA 是 Virtual I/O 公司推出的高清晰度、大视场头盔显示器，支持 SVGA、PAL、NTSC 输入，24 位颜色深度，分辨率为 800 × 600 像素，对角线视场角为 27°，刷新频率为 120 Hz，出瞳直径为 6 mm，出瞳距离为 17 mm，质量小于 200 g。i-glasses™ SVGA 2D 售价为 699 美元，i-glasses™ SVGA 3D 售价为 999 美元。

2.Virtual Research

Virtual Research 公司是研制中档头盔显示器的著名公司之一，我国用户较多地使用该公司生产的 VR4、V6 和 V8 头盔。V6 和 V8 头盔显示器采用 640 × 480 像素的 LCD，支持 VGA 输入，刷新频率为 60 Hz，对比度达到 200 : 1，对角线视场为 60°，配有立体声耳机，其中 V8 的瞳孔间距为 52 ～ 74 mm 可调，质量为 1.0 kg，V6 质量为 821 g。

3.Kaiser Electro-Optics

Kaiser Electro-Optics 公司是最早、最著名的头盔显示器生产厂商之一。

ProView™ XL 系列头盔显示器是该公司用于虚拟现实的高档头盔显示器，它根据其对角线视场分为 XL35 和 XL50 两种，支持全彩色 XGA［1024（H）× 768(V)］输入，垂直刷新频率为 60 Hz，瞳孔间距为 55 ～ 75 mm 可调，亮度可调，对比度较高，质量为 35 oz（1 oz=28.35 g），售价为 19 500 美元。

4.5DT（fifth dimension technologies）

5DT 公司是专攻虚拟现实领域的高科技公司，研发并生产虚拟现实用的硬件设备以及开发系统软件等。其头盔显示器产品主要包括以下几款。

5DT HMD 800 显示器支持 SVGA、PAL、NTSC 输入，单眼分辨率达到 800 × 600 像素，视场角为 28°（H）× 21°（V），配有高保真立体声耳机，重 594 g。不带立体视觉的 HMD 售价为 2 950 美元，带立体视觉的 HMD 售价为 4 950 美元。

Cy-Visor 系列是第一个采用反射式基于硅片的液晶器件（LCOS）的 SVGA 头盔显示器。其中，DH4400VP 使用 144 万像素的 0.01 m LCD，支持 VGA/SVGA、NTSC/PAL.S-VHS 输入，瞳孔间距可调，对角线视场角为 31°。其显示效果就像人在 2 m 的距离观看 1.1 m 的画面一样，可调节亮度、对比度、锐度以及色调等，售价为 1 150 美元。

5.Olympus

作为光学产品和消费类电子产品的领导厂商，Olympus 公司从 1996 年开始积极进行 HMD 的研究开发，现已经形成比较完整的产品线，其中包括 Eye-Trek FMD-01/200/220/250/700 等产品。为了将 Eye-Trek 设计成容易佩戴的面装式显示器（face mounted display，FMD），Olympus 完成了一个技术上的突破，即利用自由曲面棱镜（free-shaped prism）设计 HMD 的光学系统。Eye-Trek FMD-200 支持 PAL 和 NTSC 输入，具有 18 万像素 TFT 液晶片，视场角水平 35°、垂直 26.6°（如同人在 2 m 的距离观看 62 in 画面的效果）。该 HMD 亮度高，不受外界光线强弱的制约，质量约为 85 g，售价为 499 美元。Eye-Trek FMD-700 与 Eye-Trek FMD-200 最大的区别在于引入了光学超分辨率（optical super resolution）技术，能使分辨率从 18 万像素提高到 72 万像素，质量约为 105 g。

6.Sony

Sony 公司在 LCD 微显示器上拥有多项专利。为将 HMD 应用于消费类电子产品，其不惜投巨资研究开发 HMD 专用 LCD 微显示器。Sony 公司的 HMD 专用 LCD 微显示器有 0.55 in（1 in=2.54 cm），分 18 万像素和 24 万像素两种，并在 1998—1999 年推出了一系列基于上述微显示器的 HMD。Sony 公司将它们命名为 Glasstrono Sony Glasstron PLM-A35 及 PLM-A55，支持 S-Video、VGA 输入，0.17 m 18 万像素 LCD，分辨率为 800（H）×255（V）像素，感觉就像从 1.98 m 远处观看 1.32 m 的电视屏幕。配备可调亮度、色彩和音量控制装置，质量仅为 100 g。其中，PLM.A55 可以利用 LCD Shutter 实现透视功能。PLM-A35 售价为 295 美元，PLM-A55 售价为 495 美元。

3.1.3　投影式头盔显示器

投影式头盔显示器（head-mounted projective display，HMPD）的概念是 1997 年由 Fergason 提出的。Rolland 等在医学应用中探索了投影式显示器的应用潜力。Hua 等采用双高斯透镜结构，用市场上能买到的光学元件做了第一代样机，并在论证 HMPD 成像概念的可实施性和量化回复反射物质在成像系统中的特性上做了很多工作。此后，Hua 和 Rolland 等在引入衍射光学元素（diffractive optical element）和塑料元件的基础上研制了超轻型、高投影质量的镜头，并结合用户自定义的镜头完成了一种紧凑样机，该样机能达到 $50°$ 的视场角，质量仅为 750 g。Kawakami 等研发了名为 X'tal Vision 的类似光学结构，并提出了面向对象的显示（object-oriented）和视触觉显示（visual-haptic display）。

　　投影式头盔显示器用一对小型投影透镜结合取代了传统的光学目镜，这样的结合使投影式头盔显示器较传统的头盔显示器在许多方面都具有优势。例如，采用目镜的头盔显示器的尺寸会随着视场角的增大而增大，而采用投影透镜的头盔尺寸不会随着视场角的增大而增大。这样的特性可以为光学透视式头盔显示器设计出具有大视场角、超轻与小型化的光学器件（图 3-1）。Hua 等研制的投影式头盔显示器的结构组成包含一对小型投影透镜、一组分光镜、固定在头盔上的显示器（LCD、CRT）以及直接放置在环境中的回复反射物质。

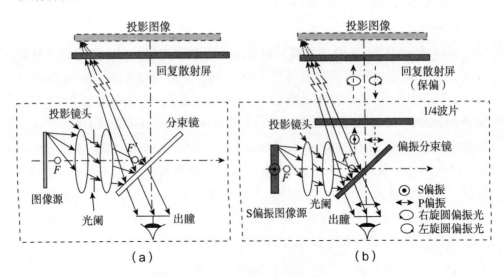

图 3-1　投影式头盔显示器的工作原理（第一代和第二代）

　　从图 3-1 可以看出，系统用投影透镜取代了传统头盔显示器的目镜，用回复反射屏幕取代了立体投影系统中的漫射屏幕。与传统头盔显示器的不同之处在于，用来显示计算机生成图像的小型显示器被放置在透镜焦点以外的位置，而不是在透镜及其焦点之间。尽管投影透镜和分光镜与光轴成 $45°$ 角，真实图像还是被投影到了实际的空间当中。系统可在投影图像的前面或者后面放置一个回复反射屏幕。由于回复反射物质具有特殊性质（图 3-2），投影图像发出的光被反射到了光学出瞳，使用者就可以获得一个由计算机生成的图像。理想情况下，图像的位置和尺寸与反光屏幕的位置和形状没有关系。此外，与基于目镜的光学透射式头盔显示器相比，投影光学的引入还可以在获得更大视场角的同时降低畸变。为了满足眼睛间隙大以及不对称设计中限制目镜孔径的要求，使用分束镜可以使光学透射式头盔显示器获得最大视场角（大约为 40°），但同时边缘视场的畸变大于 15%。而如果使用投影透镜的对称设计，投影式头盔显示器的最大视场角可以达到 90°（一般为 50°～70°），而且边缘视场的畸变能够降低到 15% 以下。

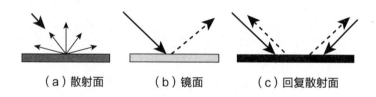

（a）散射面　　　（b）镜面　　　（c）回复散射面

图 3-2　各种反射属性的屏幕

3.1.4　视网膜直接成像显示器

视网膜直接成像显示器也是一种头戴式显示设备，它利用低功率半导体激光器扫描并产生调制光，直接成像于人体视网膜上。这种显示器能生成高亮度、高分辨率的宽场图像，其成像原理如图 3-3 所示。视网膜显示技术的主要优势在于其所成图像的亮度与对比度高且设备功耗低，这些优势使该设备能很好地满足户外机动使用的条件。未来可能发展为一种实现自动聚焦、高分辨率、大视场的立体显示技术。但是，目前的视网膜显示技术仍具有以下几方面的技术缺陷：

（1）由于目前暂时没有较便宜的低功率蓝绿激光器，显示器所成的像是单色的（红色）。

（2）由于图像直接成在视网膜上，因此不支持视距和焦距调节。

（3）所成图像没有立体感。

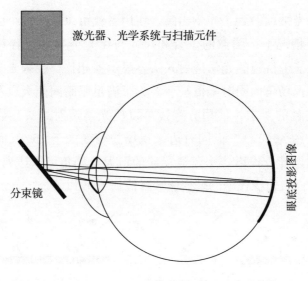

激光器、光学系统与扫描元件

分束镜

眼底投影图像

图 3-3 视网膜显示器原理图

3.1.5 投影显示设备

目前，视频透视式头盔显示器和光学透视式头盔显示器作为增强现实的传统显示输出设备，已经使用了很多年。然而，它们也面临着技术和人类环境改造学上的不足。例如，显示设备的小型化、应用光学的局限性限制了观察视场；视觉的不断调整使观察者感觉不适等。为了弥补上述不足，近年来国内外学者相继提出采用投影技术构建增强现实应用系统。

德国包豪斯大学的 Bimber 研究组根据图像的产生方法、图像相对观察者的位置以及图像的类型（如平面或者曲面等），对增强现实中的显示技术进行了划分。投影技术是增强现实显示技术的重要组成部分。更多关于空间投影增强现实的内容可参考 Bimber 等出版的 *Spatial Augmented Reality Merging Real and Virtual Worlds*。

1. 固定投影机的投影增强现实系统

投影显示（projection display）可以将所需的虚拟信息投影到真实对象上进行增强。投影显示并不是简单地将虚拟图像投影在用户的视场中，而是将图像与用户所处的环境相融合后实现增强。

Low 等研究出了人类生活环境模型，引起了人们的广泛关注。他们首先利用相关软件构建了虚拟模型，然后用聚氯乙烯泡沫面板搭建了初级简单的建筑物实体（墙、柱、柜、桌等），并以此为真实物理显示环境，利用基于投影显示的增强现实技术，将其他细节（如墙壁颜色、壁上图画、窗外自然景观等）以图像的方式叠加到真实物体上，使用户在增强现实环境中产生身临其境的感觉。在一个白色漫射花瓶上（也可以是其他物体，如书籍和鲜花等真实对象），利用空间增强现实技术，在花瓶上投影具有阴影、散射效果、纹理、强度修正信息的投影图像，并通过修改模型的反射系数来改变视觉效果。

2. 手持投影设备的投影增强现实系统

目前比较常见的基于投影显示技术的增强现实是采用固定的投影机形成一个固定的投影显示应用。近年来，随着科技的进步，数字投影机的外形越来越小巧、重量越来越轻，轻巧性和便携性的发展趋势为固定设备的可移动使用提供了可能。

同时，随着移动过程中自校正技术的突破，手持式投影已成为投影显示一个新的发展方向。

手持式投影设备一般由投影仪和照相机组合而成。三菱电气研究实验室的 Beardsley 等研制出了手持式投影样机。投影机底部安装有手柄，手柄上食指放置的位置有按钮，总体组成部分包括以下几项：

（1）1 024 × 768 像素、帧频为 60 Hz 的 V−1080 投影机。

（2）640 × 480 像素、帧频为 100 Hz 的 Basler A602F 相机。

（3）四个硬性"激光笔"。

（4）连接计算机的数据线。

InterSense 的 Foxlin 和 Naimark 研制了手持式投影设备，提出应用手持视频投影机作为一个"手电筒"，以交互方式在实际表面上产生虚拟物体的阴影效应。他们还将手持式视频投影仪和照相机结合起来，用于实验其光学跟踪系统的性能，这一观念可能被用于增强现实中的建筑和维修领域。

现实生活中的显示平面多种多样，包括平面、规则曲面和不规则曲面。近年来，曲面投影已越来越多地被运用于视觉环境中。

3.1.6　智能可穿戴显示设备

2012 年 6 月 28 日，谷歌在 I/O 开发者大会上发布了谷歌智能眼镜，并接受开发者现场预订。该产品一经发布就吸引了全世界的目光，被时代杂志评为 2012 年度最佳发明。谷歌智能眼镜集智能手机、GPS、照相机于一身，可以在用户眼前展现实时信息（增强现实），用户只要眨眨眼就能拍照并上传、收发短信、查询天气及路况等。

Android 可穿戴设备开发商 Vuzix 发布了 Smart Glasses M100，Smart Glasses M100 如同一个超大的蓝牙耳机，使用 1 GHz OMAP4430 处理器、1 GB 内存、4 GB 存储空间以及 Android 4.0 Ice Cream Sandwich 系统。它可以挂在耳朵上，然后向前伸出并搭载一个虚拟显示镜片，同时配备一个 720 P 的高清摄像头和三轴头部跟踪传感系统，该系统配有陀螺仪、GPS 以及数字罗盘等技术。

美国 SBG 实验室研制的 iShades 5G 将激光二极管微型投影仪内置于镜腿中，投射出高度会聚的光束到有 RGB 三个通道的全息光学元件上并最终进入人眼。目前，SBG 智能眼镜还处于样机阶段，主要面向军事和航空应用，最后将面向民用市场。美国的 Syndiant 公司也发布了 ViewLink 系列最新的 Vizcom Wi-Fi 云终端近眼可视通信系统，含有一个近眼显示器、720 P 的视频相机以及 Android 智能控制器，Vizcom 允许显示内容直接通过内置的 Wi-Fi 或者无线智能电话传输到云终端。

3.2　头盔显示器的分类及其核心技术

头盔显示器按技术分类可分为波导型头盔显示器、自由曲面头盔显示器以及投影式头盔显示器等。

3.2.1　波导型头盔显示器

波导型头盔显示器主要包括全息波导型和几何波导型头盔显示技术。全息光学元件有着优良的消色差特性，可进一步实现超轻、超薄、可透视的头盔目视光学系统的设计目标，是目前国际上研究的一个热点。SBG 实验室、Vuzix 网、日本的 Sony 公司已先后推出采用全息光学元件的超薄头盔显示器样机。目前，从事几何波导型头盔显示技术研究的公司主要有日本的 Epson、以色列的 Lumus 和法国的 Optinvent。几何波导型头盔显示器的工作原理示意图如图 3-7 所示。系统由微型显示器、投影光学系统和平面波导光学元件组成。平面波导光学元件由耦入和耦出光学部分组成，耦出光学部分由平面分光镜组成。平面波导光学元件不产生光焦度，放大和准直功能由投影光学系统实现。

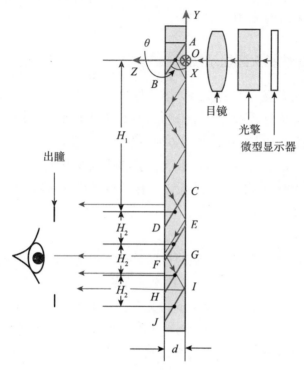

图 3-4　几何波导型头盔显示器的工作原理示意图

3.2.2　自由曲面头盔显示器

20 世纪 90 年代，飞利浦、任天堂、索尼、佳能等一些大公司都曾试图向市场推广个人头盔显示器，但均没能获得成功。失败的原因主要包括视觉遮拦、移动安全性差、设计不够小巧、外形不够美观、价格偏高、分辨率低、像质差等。为了克服这些问题，研究人员不断地把最新的光学技术应用于头盔显示器设计，使其向着高画质、可透视、超轻、超薄的方向发展，使其位于人眼前部分的形状和厚度都尽量接近眼镜。目前，人们广泛采用的技术包括自由曲面（FFS）光学元件和全息光学元件（HOE）。自由曲面棱镜的应用增加了头盔显示目视光学系统设计的自由度，可以使系统有效折叠，其长度、体积、重量等都大幅下降。

一些公司已推出相关产品，如美国 eMagin 公司的 Z800、Vuzix 公司的 VR920，韩国 Daeyang 公司的 i-Visor，日本 Olympus 公司的 Eye-Trek，中国深圳富瑞丰公司的 VMP。

3.2.4　高性能头盔显示技术

为了提高头盔显示的浸没感，必须尽量提高目视光学系统的视场角。同时，头盔佩戴方便性和舒适性的指标又要求其目镜具有大出瞳直径（方便不同瞳距的人使用）和大出瞳距离（方便戴眼镜的人使用）。这种大视场、大相对孔径（出瞳）的目镜设计难度极大，能够达到像质要求的系统往往十分复杂。北京理工大学在这方面做了大量工作，成功设计研制出了基于自由曲面棱镜的大视场（水平 45°）、大出瞳（8 mm）目镜，且每眼光学元件的重量只有 5 g。

当实际应用要求头盔显示器的视场角进一步增大时，传统的每只眼采用单个显示通道的设计方案会出现分辨率下降的问题，影响显示的浸没感效果。因为视场角和分辨率存在 $R=2\theta/N$ 的关系，其中 R 为最小可分辨角度，θ 为半视场角，N 为头盔中使用的微型显示器的像素数，在 N 为一定值时，R 与 FOV 相互制约，无法同时满足大视场和高分辨率的要求。因此，研制高分辨率、大视场的头盔显示器必须采用新的解决方法。目前，国际上主要提出了以下四种方法解决上述问题：

（1）关注区域高清化（high-resolution area of interest）技术。在大视场范围内显示一幅较低分辨率的背景图像，同时利用眼部跟踪技术获知用户的关注区域，另将小视场的高分辨率图像重叠至该区域，从而使用户在大视场范围看到的一直是高清图像。这种方案的优点是符合人眼视觉特性，即中心区域分辨率较高，边缘分辨率较低；缺点是需要快速、低噪声、高精度的眼球跟踪装置，结构比较复杂。此外，背景图像的视场仍然受到前述目镜设计难度的限制，所以这只能是一种部分解决方案。美国中佛罗里达大学提出了一种完全利用固定光电器件实现的插入式头盔显 ZK 器模型（opto-electronic high resolution inset HMD，OHRI-HMD）。利用微透镜阵列将高分辨率的插入图像复制成 $M \times M$ 的图像阵列，再利用光学开关阵列选通与用户视线位置一致的图像单元，并将其叠加在背景图像的相应位置，从而实现无活动元件的轻小型图像插入机制（图 3-5）。这种模型的潜在对准误差较小，不存在由扫描元件引起的机械振动，且结构较为紧凑。

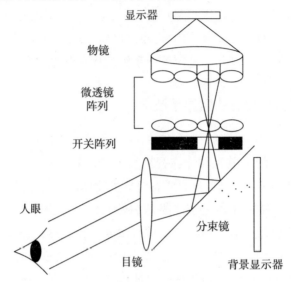

图 3-5　光电插入式头盔显示器模型

（2）双目分视（dichoptic area of interest）技术。双目分视就是将一幅大视场、低分辨率的背景图像显示到用户的一只眼睛，将一幅小视场、高分辨率的图像显示到用户的另一只眼睛。两幅图像通过用户大脑融合，实现了大视场、低分辨率的背景图像，中心是用户感兴趣的高分辨率图像。该方案原理简单、成本低廉，但是用户只能在中心区域看到高清晰度的图像。此外，该技术无法实现立体显示。美国 Kaiser Electro-Optics（KEO）公司已推出相关产品 HiDef。

（3）双目交叠（partial binocular overlap）技术。人的双眼在虚拟场景中看到的区域不完全相同，仅中心部分有交叠，利用双目交叠技术可以在不降低分辨率和不增加头盔重量的情况下扩大水平视场。该方案原理简单，人的每只眼只需一个显示通道，但是该技术也是只能部分解决视场问题，且要求低畸变目视光学系统，设计装调难度较大，也容易产生融像困难、视觉疲劳等问题。采用该技术的产品有 KEO 公司的 SIM EYE ™ SX100。

（4）光学拼接（optical tiling）技术。将一系列（n 个）小视场、高分辨率的显示单元按特定的方式排列安装在一起，在相接的区域采取部分视场重叠的方式消除缝隙。拼接式头盔显示器将视场扩大到近乎原来单个模块的 n 倍，并且在整个视场内的分辨率与单个模块相同。对于视场和分辨率之间的矛盾，这是一个完全解决方案，可以实现真正意义上的高分辨率大视场头盔显示器，非常适用于浸没式虚拟显示环境。但是，该技术需要多个显示通道，结构复杂，且拼接装调相对困难。此外，目前国际上此类研究均采用传统轴对称式光学结构的显示单元，这使整个系统的体积和重量偏大。

3.2.4 真实立体感头盔显示技术

为了看清近处和远处的目标，人们往往需要调整眼睛的屈光能力，使远处的平行光和近处的发散光均能在视网膜上清晰地成像，这种屈光能力称为调节（accommdation）。而当人们要看清近处物体时，除了调节外，还需要两眼内转，使双眼视轴交于注视点。眼球内转的作用称为集合（convergence）。在眼球内转时，瞳孔还会缩小，从而减少像差，提高视网膜像的质量。调节、集合和瞳孔缩小称为近反射的三联运动。眼的调节与集合在生理方面有着密切的关系，在日常生活中，调节与集合是相互协同联合运动的。

在自然环境中，人的立体视觉是靠人眼的调节和集合共同产生的。而传统的立体头盔显示器仅有一个固定的焦面，即人眼的调节是固定的，造成其集合与调节不相匹配，与人眼自然视觉特性不符。这会导致视觉失真，使人眼很难同时进行聚焦和图像融合，从而造成用户视觉不适和视疲劳。如图3-6 所示，在真实环境中，人眼的集合和调节是同步的。当人眼聚焦于某一点时，该点前后的物体就会发生不同程度的模糊，离关注点越远，模糊程度越严重。而在传统立体头盔显示器中，人眼的集合和调节不一致，无论物体离人眼关注点有多远，人眼观察到的均是清晰图像。

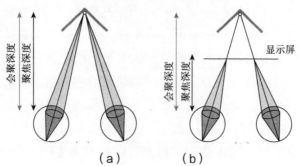

图 3-6　人眼自然视觉和头盔立体视觉

解决头盔显示器中人眼调节与集合不协调问题的途径之一是发展多焦面显示技术，即通过某种手段生成若干焦面，在不同焦面上渲染不同景深的虚拟物体。不同焦面的场景相互融合形成了有立体感的三维图像，有效地改变了人眼的调节距离，可产生具有真实感的立体视觉。其中的关键技术是要求光学系统能够生成多个焦面。目前，国际上主要提出以下三种方法：

（1）液体透镜调节焦面。液体透镜调节焦面技术是在系统中引入液体镜头调节光学系统的光焦度，进而改变系统的焦面位置，并通过分时复用生成若干焦平面（图 3-7）。由于受到人眼最小刷新频率、液体镜头、微型显示器刷新频率的限制，一个微型显示器和液体镜头可以生成 2 个或 3 个焦平面。如果在系统中引入 n 个分光镜、液体镜头和微型显示器，则能产生 2^n 个焦平面。

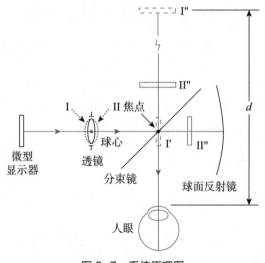

图 3-7 系统原理图

（2）用双折射玻璃材料和偏振片产生多焦面。此类系统由一个固定的双折射透镜和偏振片组成。双折射材料在寻常光（o 光）和非常光（e 光）方向有两个不同的折射率值，因此在双折射材料透镜前加液晶调制器调整入射光的偏振状态就可以得到两个不同的焦平面。如果引入 n 个液晶调制器和双折射透镜组合，系统就能生成 2^n 个焦面。

（3）通过分光镜引入多光路。通过半反半透镜在系统中引入多条光路，每条光路有独立的微型显示器，即对应一个焦面。图 3-8 所示的系统用三个分光镜将系统分成了三路，使系统有三个焦平面：近焦面、中焦面和远焦面。通过图形渲染技术生成位于近物面和远物面之间的虚拟物体。

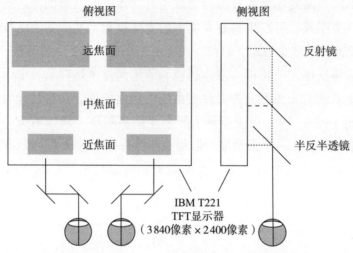

图 3-8　具有三个焦平面多光路头盔显示器结构示意图

目前，许多新型的立体感显示技术取得了广泛应用。例如，采用变形镜技术改变光学系统的光焦度，进而改变系统的显示深度（图 3-9），或是采用扫描镜阵列的真实立体感显示技术等。

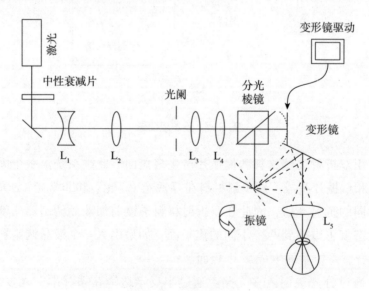

图 3-9　采用变形镜的真实立体感显示技术

　　到目前为止，绝大部分头盔显示器只能输出图像和声音信息。绝大多数虚拟现实系统只能为用户提供视觉和听觉感知，少部分能通过力反馈设备、带振动功能的数据手套、喷水设施、摇动座椅等引发用户的力觉、触觉和运动感知。随着高端应用对虚拟环境浸没感要求的不断提高，需要在未来的虚拟现实系统中引入更多的感知，如味觉、嗅觉、触觉，以满足用户多方位的感觉享受。在英国工程和物理科学研究委员会的专款支持下，约克大学和华威大学的科学家正在研制一款能够模拟视觉、听觉、嗅觉、味觉、触觉等多种感知的虚拟现实头盔系统——虚拟茧。为达到多感同时兼备，虚拟茧较之传统头盔显示器在多方面进行了改进，它的图像由计算机无线传输，采用基于 LED 和 LCD 技术的高清晰、高动态显示；听觉由环绕声扬声器提供；嗅觉采用连接到装有化学物质盒子的嗅觉管在用户鼻子下方释放气味；味觉通过向用户口内喷入有质感和味道的物质实现；触觉感知由专用装置模拟；温度和湿度则通过风扇和加热器调节控制。目前的实验可以模拟扬帆出海，用户可以看到风帆，听到海浪，感受到海风扑面而来，并被海水打湿脸颊。多维感知头盔显示器在训练培训、虚拟旅游、历史重现、远程会议、虚拟角色扮演游戏等方面具有广阔的应用前景。

　　但是，增强现实头盔存在的问题是叠加的虚拟物体无法遮住真实场景。为此，科学家提出了具有遮挡关系的光学透视式头盔显示方案。

　　Sony 公司提出了互相遮挡增强现实的光学理念，如图 3-10 所示。随后，Robinson 公布了一个概念系统。Tatham 也发表了相关文章，公布了如何在不使用成像光学元件的情况下仅使用传输光线阻挡阵列所获得的结果，更进一步提出了在传输模板中使用数字微型镜面装置（DMD）的潜在优势，但是并没有提出相应的光学设计。

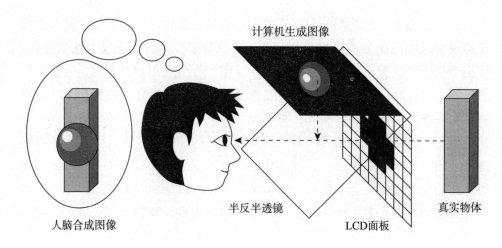

图 3-10 互相遮拦增强现实的光学理念示意图

遮挡合成图像中的真实景物有四种方法：①遮挡光源与真实景物之间的光线；②通过设置特殊物体来遮挡光线；③遮挡实物与用户眼睛之间的光线；④通过增加合成图像的亮度减少真实场景的可见性。其中，较常用的为第三种方法。

图 3-11 为使用上述第三种方法的光学系统设计的一个基本思路。该系统的设计核心就是在普通透射式显示器之前放置一块 LCD 面板，以阻挡外界光线。但是仅如此还不够，因为 LCD 面板离眼睛太近，用户在看外界景物时，LCD 面板上的图样会出现离焦。可将该 LCD 面板定位在前后两个凸透镜的一倍焦距内，形成一个放大率一倍的光学望远镜设计。最后，使用一个正像棱镜颠倒外界景物，观看者就可以同时观察外界景物和 LCD 面板上的图样。应打开 LCD 面板上真实景物应该出现的像素点，关闭 LCD 面板上对应的虚拟景物应该出现的像素点，只有做到真实景物和虚拟景物相互遮拦，才能真正地做到光学呈现。该方法的三大优势如下：

（1）实用性。显示器不影响真实环境，也不需要任何额外的环境设置，因此它可以在任何地方任何情况下使用，包括室外。

（2）色彩保真度。显示器能够阻挡任何外来景物光线，因此在任何情况下，虚拟图像都保持原来的颜色，并优于普通光学透视式显示器的保真度。

（3）相容性。挡光部件与彩色图形显示器分离，因此它可以用于大多数现有的光学透视显示器。

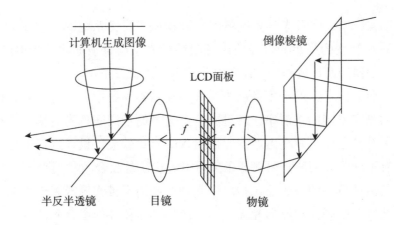

计算机生成图像　　　　　倒像棱镜

LCD面板

f　　f

半反半透镜　　　　目镜　　　　　物镜

图 3-11　遮挡实物与用户眼睛之间的光线方法的光学系统设计

3.3　增强现实头盔显示器的设计要点

　　头盔显示器一般由图像信息显示源、图像成像的光学系统、定位传感系统、电路控制及连接系统、头盔及配重装置等几部分组成。图像信息显示源是指图像信息显示器件，一般采用微型高分辨率 CRT 或 LCD、EL、VFD、LED、FED、PDP、OLED 和 LCOS 等平板显示器件。定位传感系统既包括头部的定位，又包括眼球的定位，其中眼球的定位主要应用在瞄准系统上，一般采用红外图像的识别跟踪来获得眼球的运动信息；而头部定位采用的方法比较多，如超声波、磁、红外、发光二极管等器件的定位系统，头部定位系统提供用户头部的位置和方向自由度信息。整体来说，系统对定位传感系统的要求是灵敏度高、延迟小。电路控制及连接系统一般与头盔显示器分开放置，以减轻头盔重量。头盔是显示器的固定部件，在机载或车载应用时，可直接对驾驶员头盔进行改进制作。在其他应用中，可采用吊带将显示器固定在头部。由于显示器的重量在头的前部，头部的重心发生了变化，容易发生疲劳，因此应在头后部加配重，以保持重心不变。头盔的重量应尽可能轻，特别是在机载情况下，头盔的重量在飞行员脱离飞机的弹射时将产生很大的冲力，容易使飞行员颈椎骨折。

　　光学系统的设计不仅关系到成像质量，还影响到头盔显示器的体积和重量。在 HMD 中，中继光学系统将图像源成像在目镜系统的焦平面上，再经过目镜系统转变为平行光，经使用者眼前的光学组合玻璃将其投射到眼中。在头盔显示器的设计过程中，需要对下述像差进行校正：

（1）色差。色差的产生是因为在头盔显示器系统中，所有透镜元件对不同颜色的光有不同的折射率，通过同一个透镜的不同颜色光的偏折量有所不同。为了补偿色差，减小由透镜元件引入的彩虹效应，设计过程中应该尽量采用具有不同色散值和折射率的正负透镜（往往是胶合的），即消色差透镜。此外，其他消色差的方法还包括以下几种：使用窄带光源或者磷光剂；使用光谱滤波器来限制显示器的光谱范围；使用二向色性的组合元件或者分光计来反射特定光波。

（2）球差。为了缩减加工费用，便于对透镜表面的精度和质量进行优化，大多数光学透镜的前后表面都采用球面。为了在不增加透镜重量的情况下尽可能地增大透镜的折射效果，透镜前后表面的形状应该是相似的，而弯曲方向相反。然而，这种两个表面都向外凸或者向内凹的结构形式就导致不同入射角的同一频率的光波在经过透镜后发生不同的偏折，即入射角越大，折射程度越大，这就是球差产生的原因。在对视场中心的分辨率测试图进行观察时，球差的存在导致在目镜焦点确定的情况下，观察者很难在轴向区域和离轴区域两个位置同时观察到清晰的图像。

为了减小球面透镜的球差，在设计的过程中可以使用一组消色差透镜，同时适当地改变它们的曲率。还有一种相对简单的方法是使用非球面透镜。与球面透镜不同，非球面透镜的表面是一个由球面演变而来与之有相似形状的曲面，这样的曲面可以降低透镜边缘对同一频率光线的偏折程度，达到减小球差的目的。不过，受到当前精密光学加工工艺的限制，非球面光学元件的造价都比较高，除非需要大规模生产（如 Polaroid Land ™摄像机）或是有极其特殊需要（如哈勃空间望远镜）的情况下，一般不会使用到非球面。

（3）畸变。理想情况下头盔显示器中的图像源成像系统（包括组合元件）能够把显示器的图像毫无变形地呈现给观察者，但是实际的光学系统总会存在畸变。一般的光学畸变包括枕形畸变、桶形畸变、梯形畸变等。其中，枕形畸变和桶形畸变在共轴光学系统中比较常见，梯形畸变多存在于离轴系统中。在头盔显示器系统中，既可以对畸变进行光学补偿（针对光学系统），又可以通过电学的方法来进行校正（显示器等元件）。电子校正是针对处理模拟信号的阴极射线管显示器的，不会在信号的处理过程中引入延迟，但是会降低显示器的分辨率或者使分辨率在显示器上的分布不均匀。数字校正既可以应用在阴极射线管显示器上，又可以应用在液晶显示器上，但是数字校正方法会导致显示器的图像延迟。

（4）场曲。场曲导致显示器在中心和边缘的折射能力发生变化，这种效果与球差相似，只是显示器的中心和边缘有不同的焦距。对于不同的目镜交点，中心和边缘不能够同时呈现清晰的图像。场曲可以通过添加透镜或者弯曲显示器表面的方法来进行补偿。

上文介绍了对头盔显示器成像质量影响较大的几种像差及其校正方法，在对头盔显示器进行光学设计的过程中，为了达到校正像差的目的，往往不得不在头盔显示器中添加更多元件，这使光学系统中采用了数量众多的光学元件，不仅增加了 HMD 的整体重量，还使头盔内部的空间结构显得较为狭小，使用者佩戴这种头盔时会感觉笨重而且不舒服。其改进方式有两种：从 HMD 光学系统的传统结构入手进行改进和从光学系统使用的光学元件入手进行改进。主要实现方法是利用头盔护目镜作为 HMD 的光学系统准直组合元件。例如，可利用自由面棱镜改进 HMD 光学系统的结构和采用全息光学元件、二元光学元件（BOE）。其中，全息光学元件由于具有重量轻、致密，且比传统光学元件能更好地满足头盔显示器机械结构设计要求等优点，在新型头盔显示器中得到了广泛应用。

由于头盔显示器佩戴在用户头部，设计时不仅要满足一般光学显示仪器的要求，还要更多地考虑到人体因素，具体有以下几方面：

（1）视场。一般来说，人的裸眼可见水平视场为 200°、垂直视场为 100°，但人眼主要对中心 20° 的视场敏感，所以在设计目视光学系统时应保证中心 20° 的像质。需要指出的是，由于图像源大多数为 LCD 或 CRT，其输出图像宽高比为 4 : 3 的传统 TV 图像，因此水平视场与垂直视场的比值都约为 4 : 3（实际比值应为角度的正切的比值）。所以，头盔显示器的光学设计要求保证水平视场与垂直视场的比值。

（2）重量。头盔显示器在使用中将长时间佩戴在用户头部，这就要求头盔的光学与机械结构紧凑、重量轻，可以采用新型材料、用 LCD 代替 CRT、使用非球面等。同时，若用户头部受力不均衡，可能会产生头晕、恶心等不适症状。因此，我们在设计时还要使整个系统的重心尽量靠近头顶，减小使头部失衡的力矩。由于系统显示部分大都位于头的前部，为了平衡力矩，一般都将用于固定显示部分的机械结构的重心后移。各种头盔显示系统由于功能和结构的不同，重量也不相同，一般为 0.25～3.0 kg。

（3）分辨率。人眼最小分辨率大约为 0.05 mrad，而头盔显示器的分辨率取决于图像源的分辨率和光学系统的像差，目前的主要矛盾在于图像源的分辨率在设计视场下产生的理想角分辨率不高。当像面位于无穷远时，头盔显示器的角分辨率可由以下公式决定

$$\theta \approx \frac{2\tan\frac{\omega}{2}}{m} = \frac{2\tan\frac{v}{2}}{n}(\text{rad}) \qquad (3-1)$$

式中：w、v 分别为垂直和水平方向的全视场角；m、n 分别为图像源有效显示面（方形 4：3）上垂直和水平方向的像素数。

例如，I-O Display Systems 公司生产的头盔显示器 i-glasses X2 的视场为 $24°×18°$，其 LCD 有效显示的分辨率为 280×210 像素。按照式（3-1）计算，它对应的角分辨率为 0.6 mrad。

（4）出瞳距。出瞳距是指光学系统的边缘到人眼瞳孔的最小距离。为了保证使用者佩戴方便，出瞳距不应过小，应大于 15 mm。如果允许用户在使用时佩戴眼镜，则要求出瞳距大于 25 mm。一般军用光学系统要求光学出瞳距大于 25 mm。以美军 AH-64A Apache 直升机用头盔显示器 IHADSS 为例，其出瞳距为 30 mm，这是为了配合飞行员佩戴护目镜而设计的。

（5）出瞳大小。人眼瞳孔正常状态下直径为 2 mm 左右，在黑暗环境下将适当放大。为了允许人眼眼球有一定范围的移动，一般要求头盔显示器的光学系统出瞳直径大小在 8 mm 以上。对于要求较高的军用光学系统，要求出瞳大小为 10 mm×15 mm。需要指出的是，出瞳尺寸越大，光学系统的像差校正越困难。在光学设计时，只能设法找到一个平衡值。

（6）瞳距。在设计双目头盔系统时，还应考虑光学系统的瞳距问题。大多数双目显示头盔由两部分对称的光学系统组成，它们各自出瞳的主光线的距离为此头盔显示系统的瞳距。人眼的出瞳距离一般为 54～70 mm，双目头盔的瞳距应能良好地配合使用者的双目瞳距。由于各个用户的双目瞳距不等，在设计双目用头盔时，还需要考虑瞳距的可调节功能（如 Virtual Research 公司生产的 V8 头盔显示器）。也有些双目头盔显示器为了使系统结构简单，在

设计时会使用一个瞳距平均值，如 62 mm（如 1-O Display Systems 公司生产的 i-glasses X2 头盔显示器）。

（7）光能利用率。光能利用率是到达人眼的光能与入射光能量的比值，它反映了头盔显示器的光学系统对光的吸收或反射，也就是光在到达人眼前的损耗部分。在设计时，应考虑尽可能增大光能利用率，以减少光能的损耗。对于传统的 VR 用的头盔显示器，只需要考虑图像源发出的光在通过光学系统时的光能损失；而对于增强现实用的穿透式双通道 HMD，在设计时要同时照顾到两个通道的光能利用率，即图像源发出的光在通过光学系统后的光能损失与外界光经过光学系统投射后的光能损失。

以上七点是设计头盔显示器时需要遵循的一些重要指标，与其他光学系统一样，这些因素之间并不是孤立的，它们之间是存在联系并相互制约的。例如，增加视场或出瞳，光学元件将增大，整体重量增加；视场增加，角分辨率下降。所以，在进行光学设计时，应根据实际运用情况找到一个较好的平衡点。

第 4 章　增强现实系统的标定技术

4.1　摄像机的几何模型和坐标变换

摄像机通过成像透镜将三维场景投影到摄像机的二维像平面，这个投影可用成像变换描述，即摄像机成像模型。为了定量描述光学成像过程，需要定义四个坐标系：图像坐标系、像素坐标系、摄像机坐标系和世界坐标系。

4.1.1　图像坐标系与像素坐标系

摄像机对现实场景进行采集和数字化，形成数字图像。在数字图像上，我们经常会定义两种坐标系：像素坐标系和图像坐标系。如图 4-1 所示，像素坐标系 OUV 的原点位于图像的左上角，U 轴和 V 轴分别平行于图像的行和列，其坐标单位是像素（pixel）。因此，每一个像素坐标 (u,v) 是该像素在图像中对应的列数与行数。图像坐标系的 X 轴和 Y 轴平行于图像的行和列，其坐标单位一般是毫米（mm）。图像坐标系的原点定义在摄像机光轴与图像平面的交点，其在像素坐标系中的坐标为 (u_0,v_0)。每一个像素在 X 轴和 Y 轴方向上的物理尺寸分别为 Δx，Δy，这两个参数的倒数称为像素尺度系数。像素坐标系与图像坐标系间的变换关系为

$$u = \frac{x}{\Delta x} + u_0 \qquad (4-1)$$

$$v = \frac{y}{\Delta y} + v_0 \qquad\qquad (4-2)$$

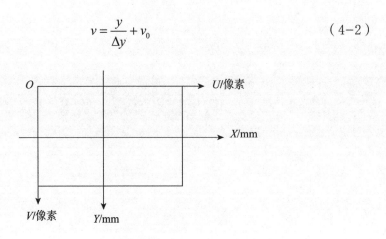

图 4-1 像素坐标系与图像坐标系

4.1.2 图像坐标系与摄像机坐标系

摄像机坐标系以图像坐标系中心点为原点，其坐标轴x_c和y_c分别与图像坐标系的 X 轴和 Y 轴平行，z_c轴为摄像机的光轴，如图 4-2 所示。由原点 O 与 x_c ，y_c ，z_c轴组成的直角坐标系称为摄像机坐标系。图像坐标系与摄像机坐标系间的转换关系由所采用的摄像机模型决定。若采用针孔摄像机投影模型，则根据透视投影公式，图像坐标系与摄像机坐标系间的转换关系为

$$Z_c \begin{bmatrix} x \\ y \\ 1 \end{bmatrix} = \begin{bmatrix} f & 0 & 0 & 0 \\ 0 & f & 0 & 0 \\ 0 & 0 & 1 & 0 \end{bmatrix} \begin{bmatrix} x_c \\ y_c \\ z_c \\ 1 \end{bmatrix} \qquad\qquad (4-3)$$

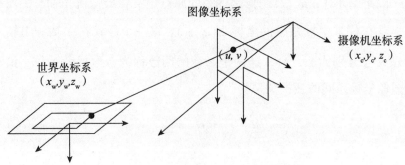

图 4-2 图像坐标系与摄像机坐标系

事实上，由于实际的镜头并不是理想的透视成像，线性模型不能准确地描述成像几何关系。尤其是在使用广角镜头时，在远离图像中心处会有较大的畸变。可用下列公式描述非线性畸变：

$$\bar{x} = x + \delta_x(x, y) \tag{4-4}$$

$$\bar{y} = y + \delta_y(x, y) \tag{4-5}$$

式中：$\bar{x}$、$\bar{y}$ 为由小孔线性模型计算得到的图像点坐标的理想值；(x, y) 为实际的图像点的坐标；δ_x 与 δ_y 为非线性畸变值，它与图像点在图像中的位置有关，可以表示为

$$\delta_x(x, y) = k_1 x \left(x^2 + y^2\right) + \left[p_1\left(3x^2 + y^2\right) + 2p_2 xy\right] + s_1\left(x^2 + y^2\right) \tag{4-6}$$

$$\delta_y(x, y) = k_2 y \left(x^2 + y^2\right) + \left[p_2\left(3x^2 + y^2\right) + 2p_1 xy\right] + s_2\left(x^2 + y^2\right) \tag{4-7}$$

式中：δ_x 与 δ_y 的第一项称为径向畸变，第二项称为切向畸变，第三项称为薄棱镜畸变；k_1，k_2，p_1，p_2，s_1，s_2 分别为非线性畸变参数。

一般情况下，上述非线性模型的第一项径向畸变已足够描述非线性畸变。

4.1.3　摄像机坐标系与世界坐标系

为确定摄像机在现实空间中的位置，需要在现实空间中定义一个基准坐标系，并用它描述空间中任何物体的位置和姿态，这个坐标系称为世界坐标系。世界坐标系与摄像机坐标系之间是刚体转换关系。设空间中某一点在世界坐标系和摄像机坐标系中的坐标分别是 (x_w, y_w, z_w) 和 (x_c, y_c, z_c)，其转换关系如式（4-8）所示：

$$\begin{bmatrix} x_c \\ y_c \\ z_c \end{bmatrix} = \boldsymbol{R} \begin{bmatrix} x_w \\ y_w \\ z_w \end{bmatrix} \tag{4-8}$$

式中：$\boldsymbol{R}$ 为 3×3 旋转矩阵；$\boldsymbol{T}$ 为三维平移矢量。

合并式（4-1）～式（4-3）以及式（4-7），可得到世界坐标系表示的空间点三维坐标与其对应的投影点的像素坐标 (u, v) 之间的关系，如式（4-9）

所示：

$$s\begin{bmatrix} u \\ v \\ 1 \end{bmatrix} = \begin{bmatrix} f/\Delta x & 0 & u_0 & 0 \\ 0 & f/\Delta y & v_0 & 0 \\ 0 & 0 & 0 & 0 \end{bmatrix} \begin{bmatrix} R & T \\ 0 & 1 \end{bmatrix} \begin{bmatrix} x_w \\ y_w \\ z_w \\ 1 \end{bmatrix} = M_1 M_2 X_w \qquad （4-9）$$

式中：M_1由f，Δx，Δy，u_0，v_0决定，由于f，Δx，Δy，u_0，v_0只与摄像机内部参数有关，故称这些参数为摄像机内部参数；M_2由摄像机相对于世界坐标系的方位决定，称为摄像机的外部参数。

4.2 摄像机标定

4.2.1 线性模型的摄像机标定

在摄像机前放置一个特制的标定参照物，摄像机获取该物体的图像，并据此计算摄像机的内外参数，是较为传统的摄像机标定方法。由于标定参照物上的每个特征点相对于世界坐标系的位置在制作时经过精确测定，基于参照物上的特征点即可直接求解摄像机线性和非线性模型参数。

摄像机线性模型如下：

$$s_i\begin{bmatrix} u_i \\ v_i \\ 1 \end{bmatrix} = \begin{bmatrix} m_{11} & m_{12} & m_{13} & m_{14} \\ m_{21} & m_{22} & m_{23} & m_{24} \\ m_{31} & m_{32} & m_{33} & m_{34} \end{bmatrix} \begin{bmatrix} x_{wi} \\ y_{wi} \\ z_{wi} \\ 1 \end{bmatrix} \qquad （4-10）$$

式中：$(x_{wi}, y_{wi}, z_{wi}, 1)$为参照物上第$i$个点的齐次世界坐标；$(u_i, v_i, 1)$为第$i$点的图像齐次坐标；$m_{ij}$为投影矩阵$M$的第$i$行第$j$列元素。

将公式展开包含以下三个方程：

$$s_i u_i = m_{11} x_{wi} + m_{12} y_{wi} + m_{13} z_{wi} + m_{14} \qquad （4-11）$$

$$s_i v_i = m_{21} x_{wi} + m_{22} y_{wi} + m_{23} z_{wi} + m_{24} \qquad （4-12）$$

$$s_i = m_{31}x_{wi} + m_{32}y_{wi} + m_{33}z_{wi} + m_{34} \tag{4-13}$$

用式（4-11）除以式（4-13），式（4-12）除以式（4-13），分别消去 s_i 后，可得关于 m_{ij} 的线性方程：

$$x_{wi}m_{11} + y_{wi}m_{12} + z_{wi}m_{13} + m_{14} - u_i x_{wi}m_{31} - u_i y_{wi}m_{32} - u_i z_{wi}m_{33} = u_i m_{34} \tag{4-14}$$

$$x_{wi}m_{21} + y_{wi}m_{22} + z_{wi}m_{23} + m_{24} - v_i x_{wi}m_{31} - v_i y_{wi}m_{32} - v_i z_{wi}m_{33} = v_i m_{34} \tag{4-15}$$

式（4-14）和式（4-15）表示如果参照物上有 n 个已知点，并已知它们的空间坐标 $(x_{wi}, y_{wi}, z_{wi})(i=1,2,\cdots,n)$ 与它们的图像点坐标 $(u_i, v_i)(i=1,2,\cdots,n)$，则可采用直接线性变换（direct linear transformation，DLT）方式求解 M 矩阵的元素。对于 n 个特征点，有 $2n$ 个关于 M 矩阵元素的线性方程，用矩阵形式表示为

$$
\begin{bmatrix}
x_{w1} & y_{w1} & z_{w1} & 1 & 0 & 0 & 0 & 0 & -u_1 x_{w1} & -u_1 y_{w1} & -u_1 z_{w1} \\
0 & 0 & 0 & 0 & x_{w1} & y_{w1} & z_{w1} & 1 & -v_1 x_{w1} & -v_1 y_{w1} & -v_1 z_{w1} \\
\vdots & \vdots & \vdots & \vdots & \vdots & \vdots & \vdots & \vdots & \vdots & \vdots & \vdots \\
x_{wn} & y_{wn} & z_{wn} & 1 & 0 & 0 & 0 & 0 & -u_n x_{wn} & -u_n y_{wn} & -u_n z_{wn} \\
0 & 0 & 0 & 0 & x_{wn} & y_{wn} & z_{wn} & 1 & -v_n x_{wn} & -v_n y_{wn} & -v_n z_{wn}
\end{bmatrix}
\begin{bmatrix}
m_{11} \\ m_{12} \\ m_{13} \\ m_{14} \\ m_{21} \\ m_{22} \\ m_{23} \\ m_{24} \\ m_{31} \\ m_{32} \\ m_{33}
\end{bmatrix}
=
\begin{bmatrix}
u_1 m_{34} \\ v_1 m_{34} \\ \vdots \\ u_n m_{34} \\ v_n m_{34}
\end{bmatrix}
$$

$$\tag{4-16}$$

由式（4-16）可见，M 矩阵乘以任意不为零的常数并不影响 (x_w, y_w, z_w) 与 U 的关系。因此，在式中可指定 $M=1$，从而得到关于 M 矩阵其他元素的几个线性方程。这些未知元素的个数为 m 个，记为维向量。因此，式（4-16）可简写成

$$Km = U \tag{4-17}$$

式中：K 为式（4-16）左边的 $2n \times 11$ 矩阵；m 为未知的 m 维向量；U 为式（4-16）右边的 $2n$ 维向量；K 和 U 为已知向量。

当 $2n > 11$ 时，可用最小二乘法求出上述线性方程的解为

$$\boldsymbol{m} = \left(\boldsymbol{K}^{\mathrm{T}}\boldsymbol{K}\right)^{-1}\boldsymbol{K}^{\mathrm{T}}\boldsymbol{U} \qquad (4\text{-}18)$$

$\boldsymbol{m}$ 向量与 $m_{34}=1$ 构成了所求解的 $\boldsymbol{M}$ 矩阵。由空间 6 个以上已知点与它们的图像点坐标可求解 $\boldsymbol{M}$ 矩阵。在一般的标定过程中，参照物上有数十个已知的特征点，这使方程的数量大大超出了未知数的个数，从而用最小二乘法求解以降低误差造成的影响。

求出 $\boldsymbol{M}$ 矩阵后，还需要计算摄像机的全部内外部参数。将式中 $\boldsymbol{M}$ 矩阵与摄像机内外部参数的关系写成

$$m_{34}\begin{bmatrix}\boldsymbol{m}_1^{\mathrm{T}} & m_{14}\\ \boldsymbol{m}_2^{\mathrm{T}} & m_{24}\\ \boldsymbol{m}_3^{\mathrm{T}} & 1\end{bmatrix} = \begin{bmatrix}\alpha_x & 0 & u_0 & 0\\ 0 & \alpha_y & v_0 & 0\\ 0 & 0 & 1 & 0\end{bmatrix}\begin{bmatrix}\boldsymbol{r}_1^{\mathrm{T}} & t_x\\ \boldsymbol{r}_2^{\mathrm{T}} & t_y\\ \boldsymbol{r}_3^{\mathrm{T}} & t_z\\ \boldsymbol{O}^{\mathrm{T}} & 1\end{bmatrix} \qquad (4\text{-}19)$$

式中：$\boldsymbol{m}_i^{\mathrm{T}}(i=1,2,3)$ 为由式（4-18）求得的矩阵的第 i 行的前 3 个元素组成的行向量；m_{i4} 为 $\boldsymbol{M}$ 矩阵第 i 行第 4 列元素；$\boldsymbol{r}_i^{\mathrm{T}}(i=1,2,3)$ 为旋转矩阵 $\boldsymbol{R}$ 的第 i 行；t_x，t_y，t_z 分别为平移向量 $\boldsymbol{t}$ 的三个分量。由式（4-19）可得

$$m_{34}\begin{bmatrix}\boldsymbol{m}_1^{\mathrm{T}} & m_{14}\\ \boldsymbol{m}_2^{\mathrm{T}} & m_{24}\\ \boldsymbol{m}_3^{\mathrm{T}} & 1\end{bmatrix} = \begin{bmatrix}\alpha_x\boldsymbol{r}_1^{\mathrm{T}}+u_0\boldsymbol{r}_3^{\mathrm{T}} & \alpha_x\boldsymbol{t}_x+u_0\boldsymbol{t}_z\\ \alpha_y\boldsymbol{r}_2^{\mathrm{T}}+v_0\boldsymbol{r}_3^{\mathrm{T}} & \alpha_y\boldsymbol{t}_y+v_0\boldsymbol{t}_z\\ \boldsymbol{r}_3^{\mathrm{T}} & t_z\end{bmatrix} \qquad (4\text{-}20)$$

比较式（4-20）两边可知，$m_{34}\boldsymbol{m}_3 = \boldsymbol{r}_3$，由于 $\boldsymbol{r}_3$ 是正交单位矩阵的第 3 行，$|\boldsymbol{r}_3|=1$，所以可据 $m_{34}|\boldsymbol{m}_3|=1$ 求出 $m_{34}=\dfrac{1}{|\boldsymbol{m}_3|}$。再由以下公式分别求出 $\boldsymbol{r}_3$，u_0，v_0，α_x，α_y：

$$\boldsymbol{r}_3 = m_{34}\boldsymbol{m}_3 \qquad (4\text{-}21)$$

$$u_0 = \left(\alpha_x\boldsymbol{r}_1^{\mathrm{T}}+u_0\boldsymbol{r}_3^{\mathrm{T}}\right)\boldsymbol{r}_3 = m_{34}^2\boldsymbol{m}_1^{\mathrm{T}}\boldsymbol{m}_3 \qquad (4\text{-}22)$$

$$v_0 = \left(\alpha_y\boldsymbol{r}_2^{\mathrm{T}}+v_0\boldsymbol{r}_3^{\mathrm{T}}\right)\boldsymbol{r}_3 = m_{34}^2\boldsymbol{m}_2^{\mathrm{T}}\boldsymbol{m}_3 \qquad (4\text{-}23)$$

$$\alpha_x = m_{34}^2\left|\boldsymbol{m}_1\times\boldsymbol{m}_3\right| \qquad (4\text{-}24)$$

$$\alpha_y = m_{34}^2 \left| \boldsymbol{m}_2 \times \boldsymbol{m}_3 \right| \tag{4-25}$$

由式（4-21）～式（4-25）求解的参数可进一步解出以下参数：

$$\boldsymbol{r}_1 = \frac{m_{34}}{\alpha_x} \left(\boldsymbol{m}_1 - u_0 \boldsymbol{m}_3 \right) \tag{4-26}$$

$$\boldsymbol{r}_2 = \frac{m_{34}}{\alpha_y} \left(\boldsymbol{m}_2 - v_0 \boldsymbol{m}_3 \right) \tag{4-27}$$

$$\boldsymbol{t}_z = m_{34} \tag{4-28}$$

$$\boldsymbol{t}_x = \frac{m_{34}}{\alpha_x} \left(m_{14} - u_0 \right) \tag{4-29}$$

$$\boldsymbol{t}_y = \frac{m_{34}}{\alpha_y} \left(m_{24} - v_0 \right) \tag{4-30}$$

因此，由空间 6 个以上已知点以及它们的图像点坐标可求解 M 矩阵，并按公式的次序求出全部内外参数。

以上介绍了摄像机定标的计算过程，在用真实数据进行实验时，还需要注意以下问题：

（1）M 矩阵确定了空间坐标与其相对应的图像坐标的对应关系，在一些应用场合（如立体视觉），计算出 M 矩阵后，不必再分解出摄像机内部参数，即 M 矩阵本身也代表了摄像机参数，但这些参数没有具体的物理意义，在有些文献中称为隐参数。然而，在许多增强现实应用领域中需要进行精确的摄像机跟踪定位，这时就需要将 M 矩阵进行分解，求出摄像机的内外部参数。

（2）M 矩阵由 4 个摄像机内部参数及 R 和 t 确定。由 R 矩阵是正交单位矩阵可知，R 和 t 的独立变量数为 6。因此，M 矩阵由 10 个独立变量确定，但 M 矩阵为 3×4 矩阵，有 12 个参数。在求解 M 矩阵时，m_{34} 可指定为任意不为零的常数，所以 M 矩阵由 11 个参数决定。可见这 11 个参数并非互相独立，而是存在着变量之间的约束关系。但是在采用线性方法求解这些参数时，并没有考虑这些变量间的约束关系。因此，在数据有误差的情况下，计算结果是存在误差的，而且误差在各参数间的分配也没有按它们之间的约束关系考虑。

4.2.2　基于平面方格点的摄像机标定

一般来讲，3D 立体参照物的靶标制作成本较高，且加工精度受到一定的限制。Zhang 等基于 2D 平面参照物提出了摄像机标定算法。在该方法中，要求摄像机在两个以上不同的方位拍摄一个平面靶标，摄像机和 2D 平面靶标都可以自由移动，不需要知道运动参数。在标定过程中，需要假定摄像机内部参数始终保持不变，即无论摄像机从任何角度拍摄靶标，摄像机内部参数都为常数，只有外部参数发生变化。

1. 靶标平面与其图像平面之间的映射关系

靶标平面上的三维点记为 $M=(x,y,z)^\mathrm{T}$，其图像平面上的二维点记为 $m=(u,v)^\mathrm{T}$，摄像机基于针孔成像模型，空间点 $\widetilde{M}$ 与图像点 $\widetilde{m}$ 之间的映射关系为

$$s\widetilde{m} = K[R\ \ t]\widetilde{M} \tag{4-31}$$

式中：S 为任意非零尺度因子；旋转矩阵 R 与平移向量 t 为摄像机外部参数矩阵；K 为摄像机内部参数矩阵，定义为

$$K = \begin{bmatrix} \alpha_x & \gamma & u_0 \\ 0 & \alpha_y & v_0 \\ 0 & 0 & 1 \end{bmatrix} \tag{4-32}$$

式中：(u_0,v_0) 为主点坐标；α_x 和 α_y 分别为 U 轴和 V 轴的尺度因子；γ 为 U 轴和 V 轴的不垂直因子。

不失一般性，可以假设靶标平面位于世界坐标系的 XOY 平面，即 $z=0$。记旋转矩阵 R 的第 i 列为 r_i，则式（4-31）可重新写为

$$s\begin{bmatrix} u \\ v \\ 1 \end{bmatrix} = K\begin{bmatrix} r_1 & r_2 & r_3 & t \end{bmatrix}\begin{bmatrix} x \\ y \\ 0 \\ 1 \end{bmatrix} = K\begin{bmatrix} r_1 & r_2 & t \end{bmatrix}\begin{bmatrix} x \\ y \\ 1 \end{bmatrix} \tag{4-33}$$

在这里仍采用 M 表示靶标平面上的点，不过此时 $M=(x,y)^\mathrm{T}, M=(x,y,1)^\mathrm{T}$。这样靶标平面上的点 $\widetilde{m}$ 与对应的图像点 m 之间存在一个矩阵变换 H

$$s\tilde{\boldsymbol{m}} = \boldsymbol{H}\tilde{\boldsymbol{M}} \tag{4-34}$$

式中：$\boldsymbol{H} = \lambda\boldsymbol{K}\begin{bmatrix}\boldsymbol{r}_1 & \boldsymbol{r}_2 & \boldsymbol{t}\end{bmatrix}$ 为一个 3×3 矩阵，λ 为常数因子。记 $\boldsymbol{H} = \begin{bmatrix}\boldsymbol{h}_1 & \boldsymbol{h}_2 & \boldsymbol{h}_3\end{bmatrix}$，则

$$\begin{bmatrix}\boldsymbol{h}_1 & \boldsymbol{h}_2 & \boldsymbol{h}_3\end{bmatrix} = \lambda\boldsymbol{K}\begin{bmatrix}\boldsymbol{r}_1 & \boldsymbol{r}_2 & \boldsymbol{t}\end{bmatrix} \tag{4-35}$$

式中：平移矢量 $\boldsymbol{t}$ 为从世界坐标系的原点到光心的矢量；$\boldsymbol{r}_1$ 和 $\boldsymbol{r}_2$ 为图像平面两个坐标轴在世界坐标系中的方向矢量。

很显然，$\boldsymbol{t}$ 不会位于 $\boldsymbol{r}_1$ 和 $\boldsymbol{r}_2$ 构成的平面上，由于 $\boldsymbol{r}_1$ 和 $\boldsymbol{r}_2$ 正交，因此 $\det\left(\begin{bmatrix}\boldsymbol{r}_1 & \boldsymbol{r}_2 & \boldsymbol{t}\end{bmatrix}\right) \neq 0$；又由于 $\det[\boldsymbol{K}] \neq 0$，因此 $\det[\boldsymbol{H}] \neq 0$。

$\boldsymbol{H}$ 的计算是使实际图像坐标 $\boldsymbol{m}_i$ 与根据式（4-21）计算出的图像坐标之间残差最小的过程，设目标函数为

$$\min\sum_i\left\|\boldsymbol{m}_i - \tilde{\boldsymbol{m}}_i\right\|^2 \tag{4-36}$$

2. 求解摄像机参数矩阵

当求解出 $\boldsymbol{H}$ 后，由式（4-34）和 $\boldsymbol{R}$ 的正交性 $\left(\boldsymbol{r}_1^{\mathrm{T}}\boldsymbol{r}_2 = 0, \boldsymbol{r}_1^{\mathrm{T}}\boldsymbol{r}_1 = \boldsymbol{r}_2^{\mathrm{T}}\boldsymbol{r}_2\right)$ 可得到两个基本方程

$$\boldsymbol{h}_1^{\mathrm{T}}\boldsymbol{K}^{-\mathrm{T}}\boldsymbol{K}^{-1}\boldsymbol{h}_2 = 0 \tag{4-37}$$

$$\boldsymbol{h}_1^{\mathrm{T}}\boldsymbol{K}^{-\mathrm{T}}\boldsymbol{K}^{-1}\boldsymbol{h}_1 = \boldsymbol{h}_2^{\mathrm{T}}\boldsymbol{K}^{-\mathrm{T}}\boldsymbol{K}^{-1}\boldsymbol{h}_2 \tag{4-38}$$

式（4-37）和式（4-38）是关于摄像机内部参数的两个基本约束，因为一个转换矩阵 $\boldsymbol{H}$ 有 8 个自由度，而外部参数有 6 个（3 个旋转，3 个平移），所以从一个转换矩阵 $\boldsymbol{H}$ 只能获得关于摄像机内部参数的两个约束。

空间上的二次曲面可表示为 $\tilde{\boldsymbol{x}}^{\mathrm{T}}\boldsymbol{B}\tilde{\boldsymbol{x}} = 0$，其中 $\tilde{\boldsymbol{x}} = (x, y, z, 1)^{\mathrm{T}}$，$\boldsymbol{B}$ 是一个 4×4 的对称矩阵。显然，$\boldsymbol{B}$ 乘以任何一个不为零的标量仍描述同一二次曲面，而平面上的二次曲线可表示为 $\tilde{\boldsymbol{x}}^{\mathrm{T}}\boldsymbol{B}\tilde{\boldsymbol{x}} = 0$，其中 $\tilde{\boldsymbol{x}} = (x, y, 1)^{\mathrm{T}}$，$\boldsymbol{B}$ 是一个 3×3 的对称矩阵。显然，$\boldsymbol{B}$ 乘以任何一个不为零的标量描述的仍然为同一二次曲面。因此，$\boldsymbol{K}^{-\mathrm{T}}\boldsymbol{K}^{-1}$ 事实上描述了绝对二次曲线在图像平面上的投影。令

$$\boldsymbol{B} = \boldsymbol{K}^{-\mathrm{T}}\boldsymbol{K}^{-1} = \begin{bmatrix} B_{11} & B_{12} & B_{13} \\ B_{21} & B_{22} & B_{23} \\ B_{31} & B_{32} & B_{33} \end{bmatrix}$$

$$= \begin{bmatrix} \dfrac{1}{\alpha_x^2} & -\dfrac{r}{\alpha_x^2\alpha_y} & \dfrac{v_0 r - u_0\alpha_y}{\alpha_x^2\alpha_y} \\ -\dfrac{r}{\alpha_x^2\alpha_y} & \dfrac{r^2}{\alpha_x^2\alpha_y^2}+\dfrac{1}{\alpha_y^2} & -\dfrac{r(v_0 r - u_0\alpha_y)}{\alpha_x^2\alpha_y^2}-\dfrac{v_0}{\alpha_y^2} \\ \dfrac{v_0 r - u_0\alpha_y}{\alpha_x^2\alpha_y} & -\dfrac{r(v_0 r - u_0\alpha_y)}{\alpha_x^2\alpha_y^2}-\dfrac{v_0}{\alpha_y^2} & \dfrac{(v_0 r - u_0\alpha_y)^2}{\alpha_x^2\alpha_y^2}+\dfrac{v_0^2}{\alpha_y^2}+1 \end{bmatrix} \quad (4\text{-}39)$$

注意到 $\boldsymbol{B}$ 是对称矩阵，可以另表示为

$$\boldsymbol{b} = \left(B_{11}, B_{12}, B_{22}, B_{13}, B_{23}, B_{33}\right)^{\mathrm{T}} \quad (4\text{-}40)$$

设 $\boldsymbol{H}$ 中的第 i 列向量为 $\boldsymbol{h}_i = \left(h_{i1}, h_{i2}, h_{i3}\right)^{\mathrm{T}}$，则有

$$\boldsymbol{h}_i^{\mathrm{T}} \boldsymbol{B} \boldsymbol{h}_j = \boldsymbol{v}_{ij}^{\mathrm{T}} \boldsymbol{b} \quad (4\text{-}41)$$

式中：$\boldsymbol{v}_{ij} = \left(h_{i1}h_{j1}, h_{i1}h_{j2}+h_{i2}h_{j1}, h_{i2}h_{j2}, h_{i3}h_{j1}+h_{i1}h_{j3}, h_{i3}h_{j2}+h_{i2}h_{j3}, h_{i3}h_{j3}\right)^{\mathrm{T}}$。

这样式（4-41）可以写成两个关于 $\boldsymbol{b}$ 的齐次方程

$$\begin{bmatrix} \boldsymbol{v}_{12}^{\mathrm{T}} \\ (\boldsymbol{v}_{11} - \boldsymbol{v}_{22})^{\mathrm{T}} \end{bmatrix} \boldsymbol{b} = 0 \quad (4\text{-}42)$$

如果对靶标平面拍摄 n 幅图像，将 n 个这样的方程叠加起来可得

$$\boldsymbol{V}\boldsymbol{b} = 0 \quad (4\text{-}43)$$

式中：$\boldsymbol{V}$ 为 $2n \times 6$ 的矩阵。

如果 $n \geqslant 3$，一般来说，$\boldsymbol{b}$ 可以在相差一个尺度因子的意义下唯一确定；如果 $n=2$，可以附加约束 $\gamma = 0$，即 $B_{12} = 0$。因此，可用 $[0\ \ 1\ \ 0\ \ 0\ \ 0\ \ 0]\boldsymbol{b} = 0$ 作为式（4-43）的一个附加方程。方程的解是 $\boldsymbol{V}^{\mathrm{T}}\boldsymbol{V}$ 的最小特征值对应的特征向量，或通过对矩阵 $\boldsymbol{V}$ 进行奇异值分解（singular value decomposition，SVD）求解出 $\boldsymbol{b}$。

当求解出 $\boldsymbol{b}$ 后，可以利用 Cholesky 矩阵分解算法求解 $\boldsymbol{K}^{-1}$，再求逆得到 $\boldsymbol{K}$。

一旦 K 求出后，每幅图像的外部参数就很容易求出。由式（4-35）有

$$r_1 = \lambda K^{-1} h_1, r_2 = \lambda K^{-1} h_2, r_3 = r_1 \times r_2, t = \lambda K^{-1} h_3 \qquad （4-44）$$

式中：$\lambda = 1 / \left\| K^{-1} h_1 \right\| = 1 / \left\| K^{-1} h_2 \right\|$。

通常情况下，摄像机镜头是有畸变的。因此，以上获得的参数可作为初值进行优化搜索，从而计算出所有参数的准确值。

4.2.3　非线性模型的摄像机标定

摄像机非线性模型除包括线性模型中的全部参数外，还包括径向畸变参数 k_1，k_2 和切向畸变参数 p_1，p_2。线性模型参数与非线性畸变参数 k_1，k_2，p_1，p_2 一起构成了非线性模型的摄像机内部参数。

Faig 提出了对这些参数标定的非线性优化算法，Tsai 给出了在假定只存在径向畸变条件下的标定算法。这些方法都涉及非线性方程求解，或需假设摄像机部分内部参数可由其他方法获得；或者用线性模型先计算出的参数作为近似值，再用迭代的方法计算精确解。摄像机非线性模型的标定算法以及后续研究的摄像机自标定算法涉及的知识面较广，感兴趣的读者可参考中文版的《计算机视觉中的多视图几何》《计算机视觉中的数学方法》以及《计算机视觉——计算理论与算法基础》等经典书籍。

4.3　基于透视式头盔显示器的增强现实系统标定

在设计增强现实系统时，最基本的问题就是实现虚拟信息和现实世界的融合。一般而言，增强现实系统较常采用的显示主要有头盔显示和投影显示两种。头盔显示器是增强现实系统中的关键显示设备，分为视频透视式头盔显示器和光学透视式头盔显示器两类。前者是利用摄像机对真实世界进行实时拍摄，将视频信号同步送入计算机中与虚拟物体进行注册融合，然后在显示器上输出；而后者是利用光学组合器直接将虚拟物体与真实场景在人眼中融合，实现对真实场景的增强。在很多方面，如在医学手术导航应用领域，光学透视式头盔显示器具有很大的优势。但是它的研制难度较大，除传统的

半反半透组合镜外，科研人员还将自由曲面、全息元件、投影结构等新技术应用到头盔显示器中，创造出了大视场的超轻型光学透射式头盔显示器。下面分别对视频透视式头盔显示器和光学透视式头盔显示器的增强现实系统标定做详细介绍。

4.3.1　视频透视式增强现实系统的标定

在增强现实系统中，虚拟摄像机参数必须与真实摄像机参数保持一致，同时需要实时跟踪真实物体的位置和姿态参数，再通过这些参数更新虚拟物体的位置和姿态。在虚实对准过程中，系统中某些设备（如摄像机）的内部参数以及系统某些设备之间的相对位置方向等参数始终保持不变，因而可以提前对这些参数进行测量或者标定。

就视频透视式增强现实系统而言，用户对其周围真实场景的感知是通过CCD摄像机获得的，因而在视频透视式增强现实系统中，摄像机发挥用户眼睛的功能来感知周围的世界。对于只是用CCD获取图像的系统而言，CCD的内部参数有出入，对系统影响不大；但是对于增强现实系统来说，跟踪注册算法的数据直接源于CCD的图像信息，并且整个注册算法是基于摄像机投影原理的，如果CCD摄像机的内部参数不准确，就会使整个注册模型产生严重误差，甚至影响正常使用。要实现准确的跟踪注册，就必须对CCD的内部参数进行实验室标定。对视频透视式增强现实系统的标定实质上是指对CCD摄像机的标定，而摄像机标定在前面已做了详细的介绍，在此不再赘述。

4.3.2　光学透视式头盔显示器的标定技术

与视频透视式AR系统相比，光学透视式AR系统的标定更复杂、更困难，其主要原因有以下两方面：

（1）在视频透视式AR系统中，用户通过由摄像机获取的真实环境图像间接获得真实环境信息；而在光学透视式AR系统中，用户使用眼睛透过半透明目镜直接获得自然环境中的物体。因此，光学透视式AR系统标定不能像视频透视式一样可以直接、方便地处理真实物体图像中的特征。

（2）在使用过程中，光学透视式AR系统用户身份的改变等原因都将导致人眼点位置的潜在变化，这种人为因素不可避免地增大了光学透视式AR

系统的标定难度。在视频透视式 AR 系统中，虚拟摄像机参数应该与摄取真实场景的摄像机参数相等，因此视频透视式标定主要是对摄像机的内部参数进行标定。而在光学透视式 AR 系统中，摄取真实场景的光学系统是人眼和光学透视式显示器，因而光学透视式标定主要是对由人眼和光学透视式显示器构成的虚拟摄像机进行标定。

　　针对该问题，已有很多研究学者提出了各种不同的光学透视式标定方法和步骤。例如，Janin 等采用手工测量和优化方法确定了光学透视式参数。Azuma 等提出用预测跟踪技术来提高光学透视式的静态和动态注册。Oishi 等提出了一种新校准方法，可用于最小化光学透视式射影变换参数的系统误差。Kato 等提出了用网格点方法手工标定光学透视式系统。McGarrity 等提出了基于 through-the-lens 摄像机控制的光学透视式标定方法。Tuceryan 等提出了一个用户友好的单点主动对准法（single point active alignment method，SPAAM），用于标定光学透视式 AR 系统。之后，在 SPAAM 的基础上，Gene 等进一步提出了立体显示的 SPAAM 方法以及扩展的 SPAAM 双步骤方法。Hua 等提出用校准摄像机代替人眼，使用传统的基于图像的测量方法标定光学投射头部固定投影显示器（OSTHMPD），该标定方法经过修正也适用于光学透视式标定。Tang 等在 Hua 等提出的标定方法的基础上，提出了一个新的双步骤方法标定光学透视式 AR 系统。

　　本节主要对近十多年来光学透视式 AR 系统的标定技术进行概括性综述，在简要介绍光学透视式标定系统和标定要求后，阐述光学透视式标定的计算模型和标定算法，其中重点介绍当前比较实用的基于 SPAAM 和基于图像的标定算法。

1. 问题描述

　　当前使用的光学透视式标定系统的组成结构大同小异。相同之处在于都是由标定标靶、头部跟踪器、人眼以及光学透视式头盔构成；不同之处在于所使用的标靶模式、头部跟踪器类型和光学透视式头盔型号。图 4-3 为由视频跟踪器构成的典型光学透视式标定系统，该标定系统有虚、实图像对应的两个成像过程。光学透视式显示器屏幕、光学系统以及半透明观察像平面构成了一个虚拟图像成像过程，即计算机生成的虚拟图像经过视频通道显示在光学透视式的显示器屏幕上后，再经过光学透视式成像系统成像到用户观察的像平面上。人眼通过观察自然世界中的物体，将世界坐标系中的物体射影到光学透视式显示器的像平面上的过程是真实图像的成像过程。如果人眼能够精确地位于光学透视式光学系统的出瞳位置，则这两个成像过程的像就能够在光学透视式像平面上达到精确对准。在这两个成像过程中，人眼与光学透视式显示器构成了一个综合成像系统（或称为虚拟摄像机系统）。人眼或光学透视式光学系统的出瞳位置就是虚拟摄像机系统的坐标原点。

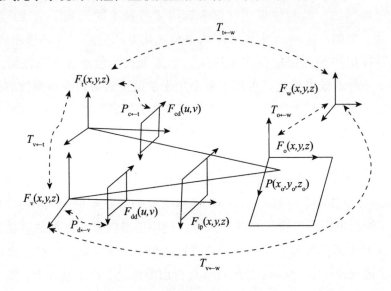

图 4-3　标定系统的坐标系统及其变换

图 4-3 所示的光学透视式标定系统的每一个组成部分都对应着一个参考坐标系。标定标靶对应一个标靶参考坐标系$F_o(x,y,z)$，光学头部跟踪器对应一个摄像机坐标系$F_t(x,y,z)$和一个摄像机屏幕坐标系$F_{cd}(u,v)$。光学透视式显示器的显示屏幕对应一个显示屏幕坐标系$F_{dd}(u,v)$，光学透视式半透明像平面显示器对应一个观察像平面坐标系$F_{ip}(x,y,z)$，人眼则对应人眼坐标系$F_e(x,y,z)$。虚拟摄像机坐标系$F_v(x,y,z)$等同于人眼坐标系$F_e(x,y,z)$。世界坐标系$F_w(x,y,z)$可以设定在真实场景的某一个位置。

标定系统有刚体变换和透视变换两类坐标变换，前者描述 3D 空间中坐标系之间的变换关系，后者描述一个光学成像系统（摄像机等）的 3D-2D 成像关系。两者可按照如下规则统一定义，定义$\boldsymbol{T}_{b\leftarrow a}$表示从坐标系 a 到坐标

系 b 之间的刚体变换，设定 3D 世界坐标系 a 中任意一点的非齐次坐标为 $\boldsymbol{p}_a=(x_a,y_a,z_a,1)^{\mathrm{T}}$，其在坐标系 b 中对应的齐次坐标为 $\boldsymbol{p}_b=(x_b,y_b,z_b,1)^{\mathrm{T}}$，则刚体变换 $\boldsymbol{T}_{b\leftarrow a}$ 可写为

$$\boldsymbol{p}_b=\boldsymbol{T}_{b\leftarrow a}\boldsymbol{p}_a=\begin{bmatrix}\boldsymbol{r}_{b\leftarrow a}&\boldsymbol{t}_{b\leftarrow a}\\0&1\end{bmatrix}\boldsymbol{p}_a \tag{4-45}$$

式中：

$$\boldsymbol{r}_{b\leftarrow a}=\begin{bmatrix}r_{11}&r_{22}&r_{13}\\r_{21}&r_{22}&r_{23}\\r_{31}&r_{32}&r_{33}\end{bmatrix}_{b\leftarrow a},\quad \boldsymbol{t}_{b\leftarrow a}=(t_x,t_y,t_z)^{\mathrm{T}}_{b\leftarrow a}$$

上述定义下的刚体变换同时也满足

$$\boldsymbol{T}_{b\leftarrow a}=\boldsymbol{T}_{a\leftarrow b}^{-1},\quad \boldsymbol{r}_{b\leftarrow a}=\boldsymbol{r}_{a\leftarrow b}^{-1},\quad \boldsymbol{t}_{b\leftarrow a}=\boldsymbol{t}_{a\leftarrow b}^{-1} \tag{4-46}$$

以符号 $\boldsymbol{A}_{b\leftarrow a}=\boldsymbol{A}_{a\leftarrow b}^{-1}$ 表示从坐标系 a 到坐标系 b 的变换矩阵，它等于坐标系 a 到坐标系 b 的变换矩阵 $\boldsymbol{A}_{a\leftarrow b}$ 的逆。假设坐标系 b 是一个摄像机坐标系，c 是摄像机的成像平面坐标系，则定义 $\boldsymbol{P}_{c\leftarrow b}$ 表示从坐标系 c 到坐标系 b 的透射变换。而 $\boldsymbol{p}$ 定义的是点的坐标。设定摄像机坐标系 b 中的点 $\boldsymbol{p}_b$ 在 2D 图像坐标系 c 中的对应成像点齐次坐标为 $\boldsymbol{p}_c=[u_c\ \ v_c\ \ 1]^{\mathrm{T}}$，则在针孔摄像机模型下的透视变换 $\boldsymbol{P}_{c\leftarrow b}$ 为

$$\rho\boldsymbol{p}_c=\boldsymbol{P}_{c\leftarrow b}\boldsymbol{p}_b=[\boldsymbol{P}_{c\leftarrow b}\quad 0]\boldsymbol{p}_b \tag{4-47}$$

式中：$\boldsymbol{P}_{c\leftarrow b}=\begin{bmatrix}f_u&\gamma&u_0\\0&f_v&v_0\\0&0&1\end{bmatrix}_{c\leftarrow b}$。

而 f_u、f_v 为焦距，(u_0,v_0) 为光轴与图像平面的交点坐标，γ 为图像畸变。因此，世界坐标系 a 与摄像机像平面坐标系 c 之间的 3D-2D 成像关系可描述为

$$\rho\boldsymbol{p}_c=\boldsymbol{P}_{c\leftarrow b}\boldsymbol{p}_b=\boldsymbol{P}_{c\leftarrow b}\boldsymbol{T}_{b\leftarrow a}\boldsymbol{p}_a=\boldsymbol{M}_{c\leftarrow a}\boldsymbol{P}_a \tag{4-48}$$

依据上述坐标变换的定义，光学透视式标定系统的坐标变换如表 4-1 所示。根据这些变换的属性特征，可将光学透视式标定分为四类变换标定：标

靶标定、跟踪器标定、人眼标定、显示器标定。

表4-1　标定系统的变换描述

变　换	描　述	属　性
$T_{w \leftarrow o}$	标靶参考系→世界坐标系	刚性，固定
$T_{t \leftarrow w}$	世界坐标系→跟踪摄像机坐标系	刚性，变化
$P_{c \leftarrow b}$	跟踪器坐标系→成像平面参考系	透视，固定
$T_{v \leftarrow t}$	跟踪器坐标系→虚拟摄像机坐标系	刚性，固定
$T_{v \leftarrow w}$	世界坐标系→虚拟摄像机坐标系	刚性，变化
$P_{d \leftarrow v}$	虚拟摄像机坐标系→显示屏幕坐标系	透视，固定

标靶标定是测量标靶相对于世界参考系的位置和方向，确保虚拟标靶能够时刻与世界参考点对准。可使用刻度尺等度量工具进行标靶标定，以多次直接测量得到的姿态参数数据的平均值作为有效值。本节讨论的标定算法均是将标靶坐标转换为世界参考坐标系中的坐标使用。

跟踪器标定是测量跟踪器相对于世界参考系的位置和姿态。若使用电磁跟踪器，则通过测量电磁跟踪器的传感器相对于发射器的姿态以及发射器相对于世界参考点的姿态数据来计算跟踪器标定参数。由于容易受环境影响，必须对电磁跟踪器的测量数据进行多次测量取平均值处理。若使用视频跟踪器，则需利用标靶模式的图像计算跟踪器位置姿态参数。在使用此方法时，必须提前对摄像机的内部参数进行标定，可参考 Zhang 和 Tsai 提出的方法。人眼标定是测定人眼相对于跟踪器的位置和方向，显示器标定是测量虚拟摄像机的内部参数。两者是光学透视式标定需要解决的主要问题。

2. 基本计算模型

依据前述坐标定义，光学透视式标定系统中虚拟摄像机的成像关系为

$$p_d = M_{d \leftarrow w} p_w = P_{d \leftarrow v} T_{v \leftarrow w} p_w \qquad (4-49)$$

设定光学透视式标定系统的人眼始终位于虚拟摄像机的位置，则人眼位置与世界坐标系中的标靶之间可以通过两条变换路径联系起来，一条变换路

径直接经过光学透视式显示器屏幕，另一条变换路径经过光学透视式的跟踪器。理论上，这两条路径上的刚体变换应该相等，即

$$T_{v \leftarrow w} = T_{v \leftarrow t} T_{t \leftarrow w} \qquad (4-50)$$

将式（4-50）代入式（4-49）得到

$$p_{d} = P_{d \leftarrow v} T_{v \leftarrow t} T_{t \leftarrow w} p_{w} = M_{d \leftarrow t} p_{t} \qquad (4-51)$$

式中：$p_{t} = T_{t \leftarrow w} p_{w}$，为世界坐标系中的校准点在跟踪器坐标中的位置和方向；$M_{d \leftarrow t} = P_{d \leftarrow v} T_{v \leftarrow t}$，为跟踪器坐标系中的校准点在虚拟摄像机屏幕上成像的有效射影矩阵。

在式（4-51）中，$P_{d \leftarrow v}$ 包含光学透视式显示器标定的参数 $\left(f_{u}^{d}, f_{v}^{d}, u_{0}^{d}, v_{0}^{d}, \gamma^{d}\right)$，$T_{v \leftarrow t}$ 包含人眼标定的参数 $(r_{v \leftarrow t}, t_{v \leftarrow t})$，因此 $M_{d \leftarrow t}$ 隐性地描述了光学透视式标定参数。$T_{t \leftarrow w}$ 可通过跟踪器标定确定，则容易计算出 p_{t}。在 p_{t}、p_{v} 可测的条件下，可通过测量 p_{t} 与 p_{v} 多点对应，将光学透视式标定转化为求解 $M_{d \leftarrow t}$ 的数学问题。更进一步，若跟踪器为单个视频摄像机，则跟踪器的成像关系为

$$T_{c \leftarrow w} = P_{c \leftarrow t} T_{t \leftarrow w} = P_{c \leftarrow t} \begin{bmatrix} r_{t \leftarrow w} & t_{t \leftarrow w} \end{bmatrix} \qquad (4-52)$$

对式（4-51）进行矩阵变换，并把式（4-52）代入，可得到

$$M_{d \leftarrow w} = M^{1} \lambda M_{c \leftarrow w} + M^{2} \qquad (4-53)$$

式中：$M^{1} = P_{d \leftarrow v} r_{v \leftarrow t} P_{c \leftarrow t}^{-1}$，$M^{2} = \begin{bmatrix} 0_{3 \times 3} & P_{d \leftarrow v} t_{v \leftarrow t} \end{bmatrix}$。在式（4-53）中，$M^{1}$ 和 M^{2} 包含了光学透视式标定参数，通过测量 p_{d} 与 p_{w} 多点对应，可计算出 M^{1} 与 M^{2}。

式（4-51）和式（4-53）描述了光学透视式标定的计算模型。基于此计算模型，可采用不同方法对光学透视式进行标定。下面分别介绍比较实用的基于 SPAAM 和基于图像的标定方法。

3. 标定方法

早期的光学透视式标定方法是静态标定法，即在保持头部静止不动的条件下标定。原理是人眼透过光学透视式成像屏幕观察真实场景中的网格校准标靶，然后用鼠标手工控制光学透视式显示器屏幕上虚拟的瞄准器，使之与

标靶上的多个网格点对准，依次记录相应的虚拟瞄准器的坐标，再根据瞄准器坐标与对应的标靶网格点世界坐标计算光学透视式的标定参数。此方法的缺陷是过程枯燥烦琐、交互性差，而且必须保持头部静止不动。为了克服这种方法的局限性，有研究学者提出了基于 SPAAM 和基于图像的标定方法。

（1）基于 SPAAM 的标定方法。基于 SPAAM 的标定方法的原理是在保持头部运动的条件下，利用真实场景中的一个校准标靶点进行光学透视式标定。用户的眼睛透过光学透视式屏幕观察该校准点，然后用鼠标手工控制光学透视式显示屏幕上虚拟的瞄准器，使之与观察屏幕上的校准点对准。根据式（4-51），当头部运动到不同方向时，p_t 和 p_d 是变量值，$M_{d \leftarrow t}$ 是固定值，因此可以通过在多个头部姿态条件下测量该单个校准点的 p_t 和 p_d，建立方程组求解 $M_{d \leftarrow t}$。由于 $M_{d \leftarrow t}$ 是 3×4 矩阵，有 11 个自由度，因此需要至少 6 个不同方向的头部跟踪器姿态位置测量 p_t 和 p_d，然后用最小二乘法或者奇异值分解方法计算出 $M_{d \leftarrow t}$。

在光学透视式系统中，实际的人眼位置并不精确地位于虚拟摄像机坐标系的原点，而是有一定的偏离，如图 4-4 所示。在此情况下，可采用改进的 SPAAM 双步骤法进行标定。第一步是使用 SPAAM 计算虚拟摄像机的位置，第二步是计算人眼相对于虚拟摄像机坐标系的偏离参数。

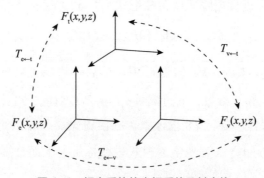

图 4-4　标定系统的坐标系统及其变换

实际上，人眼坐标系 $F_e(x, y, z)$ 相对于虚拟摄像机的偏离分为以下几种情况：

第一，当人眼坐标系的观察方向与虚拟摄像机的观察方向一致时，人

眼 – 虚拟摄像机偏离将导致观察到的在显示屏幕上的像产生缩放或者平移。这使在虚拟摄像机的点 $\boldsymbol{p}_{\mathrm{v}} = \left(x_{\mathrm{v}}, y_{\mathrm{v}}, z_{\mathrm{v}}, 1\right)^{\mathrm{T}}$ 与实际上人眼观察到的点 $\boldsymbol{p}_{\mathrm{e}} = \left(x_{\mathrm{e}}, y_{\mathrm{e}}, z_{\mathrm{e}}, 1\right)^{\mathrm{T}}$ 之间的关系可以用式（4–54）模拟，即

$$\boldsymbol{p}_{\mathrm{e}} = \boldsymbol{T}_{\mathrm{e} \leftarrow \mathrm{v}} \boldsymbol{p}_{\mathrm{v}} = \begin{bmatrix} \alpha_u & 0 & u_0 \\ 0 & \alpha_v & v_0 \\ 0 & 0 & 1 \end{bmatrix} \boldsymbol{p}_{\mathrm{v}} \qquad （4-54）$$

第二，当人眼坐标系的观察方向与虚拟摄像机的观察方向不一致时，人眼 – 虚拟摄像机偏离将导致观察到的在显示屏幕上的像产生畸变。这可以用如下公式模拟：

$$\boldsymbol{p}_{\mathrm{e}} = \boldsymbol{T}_{\mathrm{e} \leftarrow \mathrm{v}} \boldsymbol{p}_{\mathrm{v}} = \begin{bmatrix} \alpha_u & s & u_0 \\ 0 & \alpha_v & v_0 \\ 0 & 0 & 1 \end{bmatrix} \boldsymbol{p}_{\mathrm{v}} \qquad （4-55）$$

在上述两种情况下，光学透视式标定系统的新的投影矩阵为

$$\boldsymbol{M}_{\mathrm{e} \leftarrow \mathrm{w}} = \boldsymbol{T}_{\mathrm{e} \leftarrow \mathrm{v}} \boldsymbol{M}_{\mathrm{d} \leftarrow \mathrm{w}} \qquad （4-56）$$

式中：$\boldsymbol{M}_{\mathrm{d} \leftarrow \mathrm{t}}$ 的值由式（4–51）或式（4–53）确定；求解 $\boldsymbol{T}_{\mathrm{e} \leftarrow \mathrm{v}}$ 的方法与 SPAAM 相同，采集至少 2 组或者 3 组以上的单个校准点的测量数据，用最小二乘法或者 DLT 方法计算 $\boldsymbol{T}_{\mathrm{e} \leftarrow \mathrm{v}}$。

（2）基于图像的标定方法。基于图像的标定方法是将一个标定过的摄像机放置在光学透视式系统的人眼位置，用该摄像机模拟人眼对光学透视式进行标定的方法。图 4–5 为修正的标定坐标系统示意图，标定摄像机坐标系的原点位于虚拟摄像机坐标系的原点，其光轴与虚拟摄像机的光轴一致，其他两个坐标轴与虚拟摄像机坐标系对应的两个坐标轴有偏差。

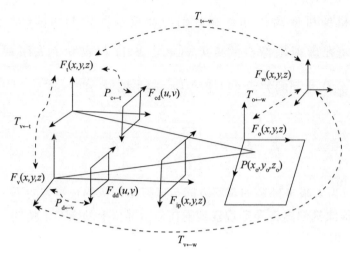

图 4-5　修正的标定系统

基于图像的标定法分为三个步骤：①测量标定摄像机自身的内参数 $P_{ccd\leftarrow cc}$ ；②放置网格状标靶在场景中，用标定摄像机摄取网格状标靶图像，计算 $T_{cc\leftarrow w}$ ，然后通过 $T_{cc\leftarrow w}$ 计算 $T_{cc\leftarrow t}=T_{cct\leftarrow w}T_{w\leftarrow t}$ ；③在光学透视式显示器上显示一个黑白网格模式，利用光学透视式显示器与摄像机像平面之间的对应匹配关系计算虚拟摄像机的内部参数 $P_{d\leftarrow v}$ 以及虚拟摄像机与标定摄像机之间的 $T_{cc\leftarrow v}$ 。与 SPAAM 方法相似，当标定摄像机与人眼的位置不一致时，需要在上述标定基础上根据对标定精度的不同应用需求，采用瞳距测量法、单点对应或者多点对应的方法对相关标定参数进行修正。

4. 标定评估

如何评估光学透视式标定是光学透视式标定方法的一个重要难题。由于无法获取人眼视网膜上的增强图像，因此我们无法使用基于图像的方法来确定光学透视式系统的精度。采用用户定性评估和使用摄像机代替人眼进行评估的方法都有其局限性。前者方法简单容易，但得不到具体的精度数量值；后者必须离线处理，过程烦琐，至少需要匹配上千个点对才能够获得较好的精度。一个好的光学透视式标定评估系统应该充分考虑到用户、任务复杂度以及具体的精度测量。例如，要尽量保持用户头部稳定，确保用户在进行虚实物体对准时具有快速、友好的交互性；能够通过评估得到多维的误差数据等。McGarrity 和 Navab 等提出了一种在线评估光学透视式标定的方法，能够在系统运行时动态实时地获得光学透视式标定的误差参数。

在光学透视式增强现实系统中，由人为因素引入的标定误差在整个系统的总体误差中占据主体地位。因此，如何减小人为涉入因素的影响，提高标定的精度和鲁棒性是光学透视式标定努力的目标。所采用的光学透视式标定方法也需要从观察主体、点对应的数量、点对应的匹配方式以及计算量等方面考虑。在人眼作为观察主体、多点对应的条件下，用户必须依次在不同的时间点上使用鼠标移动虚拟瞄准器对准多个世界点，这不可避免地增大了人为涉入的可能性。SPAAM 方法虽然属于手工匹配方式，但是它能巧妙地利用头部运动，将世界场景中单个点的世界坐标转换为跟踪器坐标，从而建立跟踪器坐标系的单点与其对应的虚拟瞄准点之间的坐标对应。SPAAM 方法能尽力减少人为涉入因素的影响，是一种对用户友好的、动态的交互标定方法。基于图像的光学透视式标定方法使用现有成熟的基于图像的视频摄像机标定技术，可以获得光学透视式标定参数。此方法用标定摄像机代替了人眼，避免了人为因素导致的不确定性。虽然需要离线标定，过程也烦琐，但其标定精度却得到了很大提高。

第 5 章　增强现实跟踪注册技术

5.1　基于标识的跟踪注册技术

5.1.1　基于标识的跟踪注册技术概述

基于标识的跟踪注册技术是当前增强现实系统中最成熟和最接近实际应用的注册技术，该注册技术一般采用输入 / 输出（I/O）系统，即将一些已知空间相对位置的人工标识点放置在需要注册的真实场景中，利用摄像机跟踪识别标识点。在已知标识点三维空间位置的基础上，采用计算机视觉的方法计算摄像机相对于真实场景的六自由度姿态。此外，为了提高标识点的跟踪精度并扩大其适用范围，可以在场景中放置多个标识点，并对每个标识点进行唯一编码。编码图形的设计和识别技术是实现基于标识点跟踪定位的一个重要环节。

大体来说，基于标识点的注册技术由两部分构成：①在摄像机采集到的图像中识别和跟踪人工标识图形上的特征点；②根据跟踪到的特征点的图像坐标信息，在摄像机透视投影模型的基础上，计算摄像机与真实场景间的六自由度姿态。由此可见，跟踪识别标识点是基于标识点注册技术中最关键的部分。由于目前利用 n 个特征点进行姿态计算的各种算法已经非常成熟，如 P-N-P 算法，因此标识点识别、跟踪的精度将直接决定基于标识的增强现实系统的整体注册精度。

与基于模型的姿态计算、基于关键帧的姿态计算相比，基于标识的跟踪注册技术与增强现实系统现有的其他注册技术具有以下几方面技术优势：

第一，系统所需的计算量小，执行速度快，跟踪定位精度高。

第二，应用方便，对系统的整体配置要求不高，只需利用打印机打印简单的标识点图形，即可实现系统的姿态定位。

第三，对于人为参与的要求不高，系统甚至不需要用户参与即可自动实现姿态计算。

经过多年的研究开发，国内外的研究机构和知名企业已设计开发出不同类型的标识码。而基于标识点注册定位技术的增强现实系统也已经在诸多领域得以广泛应用，其中影响最为广泛的标识性成果为华盛顿大学的人机交互实验室开发的 AR Toolkit 开放软件包。利用该软件包，使用者可轻松构建基于标识的增强现实系统。

放置了标识点图形的真实场景往往是非常复杂多变的。为使计算机实现标识点图形与复杂背景的分离，就必须实现标识点的实时精确跟踪定位，该过程涉及以下重要的概念：

（1）识别。从复杂场景图像中检测出标识点图像区域，并识别标识点的编码信息。该过程是通过标识点的识别算法实现的。标识点的识别算法涉及诸如图像二值化、区域分割、边缘检测甚至图像理解等图像处理和计算机视觉算法。

（2）编码。单一标识点图形的可视范围是有限的，如果摄像机视野运动到标识点可视范围以外，就会失去对场景的跟踪能力。此外，单一标识点也难以解决物体间的相互遮挡问题。因此，往往需要在场景中放置多个标识点扩展可视范围。为了对多个标识点进行区分，标识点上需要添加一些特殊的能代表其唯一性的编码图形，以便识别这些事先约定的编码图形，这样就能够实现不同标识点间的区分。

（3）跟踪定位。准确识别出标识点区域后，还需要检测标识点图形上的特征点图像坐标，用于后续的姿态计算。例如，方形标识点需要检测其四个边角的坐标，圆形标识点需要检测其中心的坐标。全局定位算法或跟踪算法常被用于此过程。

基于以上对标识点的认识，可对标识点系统进行如下分类，如图 5-1 所示。

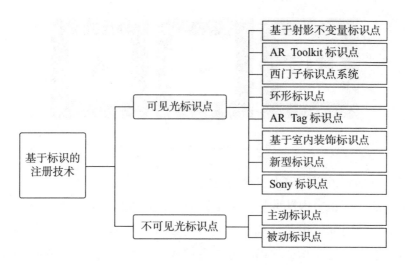

图 5-1　标识点系统分类

　　识别和定位算法是基于标识的增强现实跟踪注册的重要技术。识别、定位的准确性和鲁棒性直接决定了增强现实系统的整体注册精度和运行效率，是进行后续姿态计算的前提和基础。需要指出的是，标识点的识别定位与标识点图形的设计形式密不可分。不同样式的标识点需要不同的识别定位算法。如何设计标识点，使其识别更为容易、定位更加准确、实现更多数量的编码成为该技术的一个重要研究课题。下面结合各种常见的标识点样式，介绍相应的识别定位算法。

5.1.2　常用的标识点

1.AR Toolkit 方形标识点

　　AR Toolkit 是由美国华盛顿大学的 HTL 实验室设计开发的，用于实现基于标识的增强现实跟踪注册软件包，该软件包采用的方形标识点是当前增强现实系统中最常被采用的标识点样式。

　　（1）标识点的设计。AR Toolkit 采用如图 5-2 所示的标识点形式。AR Toolkit 标识点可通过打印机直接打印获得，因此它的制作成本低廉，并且可以应用于各种真实环境中的物体。它使用可见的标记和视频摄像机来确定真实环境中的物体及其位置和方向。

图 5-2　AR Toolkit 标识点

图 5-2 所示的标识点由三部分组成。

①内部的标识。内部的标识为不同的标识点提供了可以相互区别的编码特征。不同的内部标识在外观上必须有足够的差异，以满足计算机对图形分辨能力的要求。过于相似的内部标识会导致标识点识别时产生错误匹配。例如，在使用黑体字"A"和"4"、"B"和"8"的时候，就会经常发生将"A"识别为"4"、"B"识别为"8"或将"4"识别为"A"、"8"识别为"B"的现象。因此，应尽量避免同时使用这些容易产生识别混淆的字符标识。

②外部的黑色方框。外部的黑色方框用于对标识点和环境进行区分。在识别过程中，识别算法先在图像上搜索所有的黑色方框并确认为标识点，然后根据方框内的字符标识识别标识点的编码。

③最外层的白色区域。为了稳定地识别黑框，在黑框外侧应该有足够面积的白色区域，这个区域的外边界形状对识别没有影响。

（2）标识点的特征提取与编码识别。AR Toolkit 采用以下步骤进行标识点的特征提取与编码识别。

①二值化。即先将拍摄到的视频图像二值化。由于标识点图形是由黑白颜色构成的，因此二值化不会影响标识点图形的特点，但可以大大简化图像，使识别更容易。

②连通区域标识。二值化后的图像是只包含 0 和 1 的黑白图像。可采用连通区域标记算法获得图像中的联通域（图 5-3）。经过连通区域标记算法处理后，会得到一个候选连通区域集合，面积过小的连通区域将被放弃。

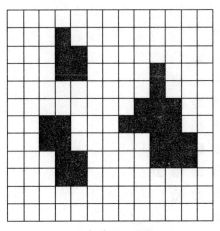
（a）输入图像

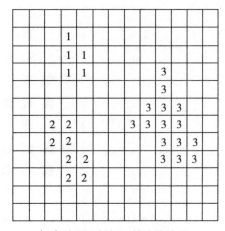
（b）连通区域标记算法的结果

图 5-3 输入图像和连通区域标记算法的结果

③连通区域边界跟踪。使用区域边界跟踪算法得到每个候选区域的区域边界（图 5-4）。算法步骤简述如下：

第一，从左到右、从上到下扫描图像，求区域 S 的起始点 $s(k)=[x(k),y(k)]$，$k=0$。

第二，用 c 表示当前边界上被跟踪的像素点，置 $c=s(k)$，记 c 左邻点为 b，$b \in \bar{S}$。

第三，按逆时针方向从 b 开始将 c 的 8 个邻点分别记为 $n_1, n_2, \cdots, n_8$，$k=k+1$。

第四，从 b 开始沿逆时针方向找到第一个 $n_i \in S$。

第五，置 $c=s(k)=n_i b=n_{i-1}$。

第六，重复第三至第五步骤，直到 $s(k)=s(0)$。

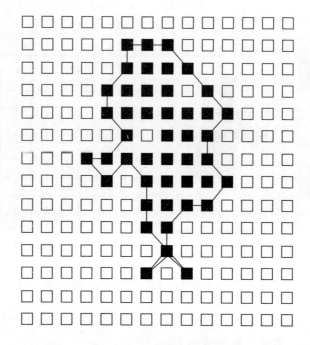

图 5-4　连通区域边界探索

④寻找候选四边形区域。

第一，选取区域边缘点中最左上角的点作为四边形的顶点 A。

第二，选取区域边缘点中距离点 A 最远的点作为顶点 B。

第三，点 A 和点 B 将边缘闭合曲线分割为两部分，对于按照顺时针方向从 A 到 B 的部分，实施下面的操作。

第四，找到各点到直线 AB 距离最远的点 M。

第五，若此距离小于某一阈值（关于此阈值的选取下面会详述），则可认为 M 离直线 AB 过近，可认为是直线，如图 5-5（a）所示；若大于此阈值，则存在三种可能，即 MA 和 MB 均为直线，MA 或 MB 之间仍有顶点，如图 5-5（b）和图 5-5（c）所示。对于 MA 段，MB 段递归实施第四和第五步骤。

第六，对于按顺时针从 B 到 A 的部分，实施第四和第五步骤。

第七，若按顺时针从 B 到 A 的部分和从 A 到 B 之间都有一个顶点，分别记为 C、D，那么四边形 $ADBC$ 可认为是一个标识点四边形。若 A 到 B（或 B 到 A）段为直线，而 B 到 A（或 A 到 B）段之间有两个顶点，依次记为 E、F，则可认为四边形 $ABEF$ 为候选标识点四边形。若两段都为直线或两段都有两个以上的顶点或两段中，一段为直线另一段内只有一个顶点或大于三个顶点，则可排除此区域。

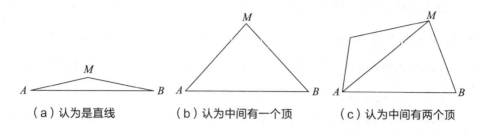

（a）认为是直线　　　　（b）认为中间有一个顶　　　　（c）认为中间有两个顶

图 5-5　四边形检测算法

此时，方形标识点的识别过程基本完成，下面就可以提取标识点中的特征点。AR Toolkit 采用四边形的四个顶点作为特征点，对四边形的四条边采用"线性回归"算法进行直线拟合，然后取四条直线的交点就可获得四边形的四个顶点。

⑤标识点编码、解码算法。标识点的解码过程实际上就是将当前标识点的内部图案与该系统中存储的所有标识点图案逐一进行比较，找到一致匹配的过程。由于 AR Toolkit 的形状是对称的正方形，内部图案的匹配实际上需要在四个方向上进行四次，其具体过程如下：

首先，对于前边得到的四边形区域，将内部图案区域进行单应性变换，将其拉伸到正方形形状。单应性变换是射影变换的一种特殊形式，平面图形在射影变换中的变化就是单应性变换。如图 5-6 所示，单应性变换可以将左边图像中的每一像素点变换到右边的正方形形状对应点。

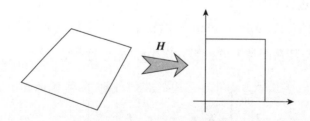

图 5-6　单应性图像变换矫正图像

单应性变换可表示为式（5-1）所示形式：

$$\boldsymbol{m}' = \lambda \cdot \boldsymbol{H} \cdot \boldsymbol{m} \tag{5-1}$$

式中：$\boldsymbol{m}$ 为采集图像中的一个 2D 像素点的齐次坐标表示；$\boldsymbol{m}'$ 为目标正方形图

像坐标系中的对应 2D 像素点的齐次坐标；H 为此单应性变换矩阵。

为获得 H，可以利用四边形四个顶点的对应关系。设 $m_i(i=1,\cdots,4)$ 为采集图像中四边形四个顶点，$m_i'(i=1,\cdots,4)$ 为目标正方形图像空间中四边形四个顶点，这些点的坐标都是已知的。代入 $m=\lambda\cdot H\cdot m'$，可得到一个齐次线性方程组，使用 SVD 分解算法可获得 H 的近似解。

其次，可以利用正方形图像与已知标识点图案进行比较。AR Toolkit 采用对图像取"互相关"的方法，以减小算法对光照的敏感性。若求采集图像 I 和模板图像 P 的互相关，需要先计算图像的均值和标准差

$$\mu_I=\frac{1}{xy}\sum_x\sum_y I(x,y),\quad \mu_P=\frac{1}{xy}\sum_x\sum_y P(x,y) \tag{5-2}$$

$$\sigma_I=\left(\sum_x\sum_y\left(I(x,y)-\mu_I\right)\right)^{\frac{1}{2}},\quad \sigma_P=\left(\sum_x\sum_y\left(P(x,y)-\mu_P\right)\right)^{\frac{1}{2}} \tag{5-3}$$

式中：$I(x,y)$ 和 $P(x,y)$ 分别表示采集图像和匹配模板图像。两幅图像的互相关计算公式为

$$\rho=\frac{\sum_x\sum_y\left(I(x,y)-\mu_I\right)\left(P(x,y)-\mu_P\right)}{\sigma_I\sigma_P} \tag{5-4}$$

最后，对于图像中的每个候选标识，找到与它互相关最大的模板图像，若互相关的值大于指定阈值（如 0.5），则认为图像中的候选标识为对应的模板标识，解码过程完成。

（3）姿态估计。AR Toolkit 标识物上 4 个角点的空间三维点齐次坐标 $(x_{wi},y_{wi},z_{wi},1)$ 与其在图像上的投影齐次坐标 $(u_i,v_i,1)$ 满足

$$\lambda\begin{bmatrix}u_i\\v_i\\1\end{bmatrix}=K\begin{bmatrix}r_1 & r_2 & r_3 & T\end{bmatrix}\begin{bmatrix}x_{wi}\\y_{wi}\\z_{wi}\\1\end{bmatrix} \tag{5-5}$$

由于 AR Toolkit 标识板是一个平面模型，则其上的所有标识点位于同一平面上，因此 $z_{wi}=0$，则式（5-5）可表示为

$$\lambda \begin{bmatrix} u_i \\ v_i \\ 1 \end{bmatrix} = K \begin{bmatrix} r_1 & r_2 & r_3 & T \end{bmatrix} \begin{bmatrix} x_{wi} \\ y_{wi} \\ 0 \\ 1 \end{bmatrix} = K \begin{bmatrix} r_1 & r_2 & T \end{bmatrix} \begin{bmatrix} x_{wi} \\ y_{wi} \\ 1 \end{bmatrix} \qquad (5-6)$$

令

$$H = K \begin{bmatrix} r_1 & r_2 & T \end{bmatrix} \qquad (5-7)$$

式中：3×3 矩阵 H 为将真实世界中 $z=0$ 平面上的点映射到其投影图像上的单应性矩阵；K 为摄像机内部参数；$[r_1, r_2]$ 为旋转矩阵 R 的前两列；T 为平移矢量。

在摄像机内部参数 K 已标定的情况下，由于标识点的四个顶点在三维世界坐标系下的齐次坐标 $(x_{wi}, y_{wi}, 0, 1)$ 与其对应的图像坐标 $(u_i, v_i, 1)$ 已获得，因此可以计算出单应性矩阵 H。根据旋转矩阵 R 的正交归一化约束条件，有 $r_3 - r_1 \times r_2$。由式（5-6）得到

$$K^{-1} H = \begin{bmatrix} r_1, & r_2 & T \end{bmatrix} \qquad (5-8)$$

提取 $K^{-1}H$ 矩阵的前两列，进行叉乘运算可得到旋转矩阵的第三列 r_3。至此，算法可以获得当前帧相对于真实环境的旋转和平移矩阵 $[r_1, r_2, r_1 \times r_2 \quad T]$。

AR Toolkit 方形标识点的优点是简单易用，识别效率高，执行速度快，因此被广泛采用。但是，AR Toolkit 处理过程采用二值图像，因此注册精度有限，同时其在编码匹配方面采用了图形相关性匹配，匹配效率和编码数量都受到一定程度的制约。

ARTag 标识是在 AR Toolkit 的基础上进行的改进，它有一个四方形的边缘，内部有 6×6 个黑白方块。它能够解码多达 2 002 个标识点，其中的 1 001 个标识点为白色背景下的黑色边缘，另外 1 001 个则相反，为黑色背景下的白色边缘。整个标识为 10×10 单位长度，边缘厚度为 2 单位长度，图 5-7 为该标识的例子。

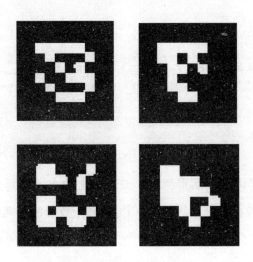

图 5-7　ARTag 标识的设计

ARTag 使用一种边缘启发式搜索算法，使其对光照和遮挡具有一定的鲁棒性。该编码系统具有较低的姿态估计误差和内部编码混淆率。

2.SCR 标识点系统

西门子公司所属研究院的 Zhang 等对 AR Toolkit 样式的标识点系统进行了重要改进，设计出了一种方形的标识点系统（简称 SCR），并提出了其相应的识别定位算法。在后续的工作中，他们又改进了该标识点系统。该算法在精度、运行效率和准确性等方面的表现优异，对基于标识的 AR 注册技术贡献很大。

该算法中的标识点较容易被检测识别，从而可以实现精确定位。如图5-8 所示，该标识板图像被设计为方形，底板中央设置有四个黑色正方形，其大小是预先确定的。从图 5-9 可以看到，一些黑色正方形的中央被设计为白色区域，这是为了方便计算机确定标识点的方向并区分这些标识而设计的。

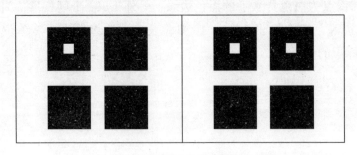

图 5-8　标定和姿态估计所用的标识点

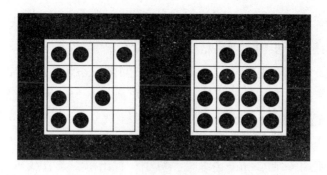

图 5-9　中央被设计为白色区域的标识点

在照明良好的情况下，一般可使用阈值算法获得白色背景中的黑色正方形。而当标识板平面将光线直接反射向摄像机，或者当平面处于较弱的灯光下时，即在较差的照明条件下，常用的阈值算法将不能产生稳定的计算结果。为了解决这一问题，该系统利用分水岭自适应阈值（watershed adaptive thresholding，WAT）算法来跟踪标识点的运动。图像处理中使用的标识点变换始于 1979 年。在具体的执行过程中，可以使用自适应阈值，该阈值随工作区域内图像亮度的分配情况的变化发生变化，可以消除由照明变化引起的不稳定性。

SCR 标识点识别定位算法中采用如下规则提取图像中的标识，即根据所选区域像素的亮度所决定的阈值对所选区域像素进行逐个比较。具体实现步骤如下：

（1）当一个像素的亮度高于阈值时，该像素将被标为"高"（覆以白色）。

（2）当一个像素的亮度低于阈值且该像素是一个边界像素时，该像素将被标为"湮没的"（灰色）。

（3）当一个像素的亮度低于阈值并且它周围至少有一个像素是"湮没的"时，该像素同样被标为"湮没的"（灰色）。

（4）当一个像素的亮度低于阈值且其周围没有一个像素是"湮没的"时，该像素将被标为"低"（黑色）。

（5）采用 WAT 算法输出的图像是三色图像（白，灰，黑），其中的四个黑色区域组成方形标识点。

（6）为了检测下一帧视频中的标识点，需要根据当前帧图像标识点的外接矩形进行实时更新。

应用 WAT 算法在每一帧图像中识别每个标识正方形的大致位置之后，SCR 算法采用以下步骤实现高精度的识别定位：

第一，估计单应性矩阵，完成标识板空间坐标系到图像坐标系的转换。

第二，作出 8 条黑色的直线，它们将形成每一个标识正方形的边缘，应用单应性矩阵作出每一个标识正方形的边缘线。

第三，采用 WAT 算法得到的边缘像素进行直线拟合。

第四，使用一维 Canny 边缘检测算子，找出每一条直线垂直方向上的最大梯度。

第五，由检测到的边缘像素重新拟合直线。

第六，根据直线的交点估计特征点（标识块上的拐角或中心）的精确位置，从而进行精确的位姿恢复。

SCR 算法具有识别精度和准确率高、跟踪定位精度高、适用范围广的特点，是一种非常重要的识别定位算法。

3. 环形标识点

在较常采用的人工标识系统中，从最常见的 AR Toolkit 标识点到高跟踪精度的 SCR 标识点都采用方形标识点的设计方式。Naimark 和 Foxlin 提出了独特的环形标识点系统及其相应的识别、编码与定位算法。下面就该标识点系统进行详细介绍。

（1）标识点图形设计。常用的三种环形标识如图 5-10 所示，这种特别设计的环形标识具有 2^{15} =32 768 种可能的编码量。

图 5-10　基于 101、1967、32767 的条形码

假设环形标识的直径是 D=8 u，其中 u 为一个长度单位，1 u=0.75 in。每一个标识点圆环均由三部分组成，最外层是宽度为 1u 的黑色环，中部是宽度为 2u 的数据环，内部是宽度为 1u 的内环。该环形标识的设计遵循以下 3

个原则。

①外部环的构造：该环总是黑色的。

②内部环的构造：内部环的直径为 1u，且在环中央有一个直径为 3/8 u 的白色圆。

③数据环的构造：数据环被均分为 8 部分，每一部分含一个 45°角围成的扇形区域。

外部环、内部环、数据环这三部分均有其特殊的构造形式，其中数据环中包含两个确定标识坐标系的黑色圆，位于距离中央 17/18 u 处，它们与内部环中的白色圆构成一个三角形。

（2）识别跟踪算法。下面将说明确定候选环形标识的具体步骤，该步骤包括检测候选标识物中是否具有可读编码的过程。

①图像侵蚀：由于检测到的图像中可能存在许多面积较小的噪声区域，因此利用图像形态学的腐蚀和膨胀算法，可去除面积较小的噪声区域。

②特征提取：保留图像中 10 ~ 80 像素大小的连通区域，并计算该区域的颜色、像素区域形状、标识点图像在水平垂直方向的最大和最小长度等。

③大小、颜色和区域检测。

最大区域：排除任一方向上大于 80 像素的连通区域。

最小区域：排除任一方向上小于 16 像素的连通区域，以确保图形编码被正确识别。

颜色：仅考虑白色物体。

区域比例测试：由于标识物是环状的，因此它们的映射图像将近似为椭圆形，这意味着区域面积 A 应近似满足

$$A = \frac{\pi}{4}\left(u_{\max} - u_{\min}\right)\left(v_{\max} - v_{\min}\right) \tag{5-9}$$

式中：u 和 v 分别为连通区域在 X 轴、Y 轴方向上的长度。

利用该约束关系可以忽略那些边缘窄的和 L 形的区域。经过以上步骤，标识区域的检测正确率可达到 90%。

（3）编码识别算法。完成筛选候选标识物后，下一步将对每个候选标识物的编码进行识别。若二值化的图像为一个黑色的圆，且圆内部包含两个黑色的圆点和一个白色的圆点，那么该物体将被确认为标识物体。其中，位于圆形中部的白色圆点被当成图形坐标系的原点，而分别指向黑色圆点的两个

向量被当成 X 轴和 Y 轴。针对标识物的设置，共有 8 个类梯形区域，每个区域包含 3 个测试点。可以通过读取测试点的二元值进行标识物解码。

完成以上过程大约需要 250 ms，对于实时跟踪而言却是不够的。因为高刷新率和低延时是跟踪算法中的重要技术指标。算法先将提取的灰度图像降至 320×240 像素，然后增加图像的对比度，并进行边缘检测选取适当的阈值对图像进行二值化处理。在二值化过程中，也许存在大量与检测标识类似的黑色像素区域以及一些小噪声点。算法利用该区域的面积、颜色以及区域相似检测选择候选区域。完成以上步骤后，标识物将被准确定位，同时计算出它的重心。

这类标识内部结构复杂，当其面积过小时不容易被识别。因此，在实际应用中，通常采用大量张贴该类标识点的方法，在跟踪过程中进行多次迭代比较，从而增加跟踪精度。其缺点在于响应速度较低。

4.Sony 计算机实验室标识点

Sony 计算机实验室于 1998 年发表了一种与 AR Toolkit 比较类似的标识点系统，此系统主要对编码算法进行了改进，可以更方便地设计编码。标识物外部为黑色边框，内部与 AR Toolkit 系统不同，采用黑白方块构成的二维编码图形。该编码方式一般称为二维条形码（2D barcode）。编码图形中的每一个方格都可以看作一个二进制位，经过对每个方格颜色的二值化可以得到表示此标识物编码的二进制数。由于此标识系统的编码加入了循环冗余校验（CRC），因此可在一定程度上避免误差带来的影响。

需要注意的是，此编码中需要特定的标记来保证标识图形的不对称性，从而确保可正确识别角点特征的顺序。该标识系统的优点是可以根据实际应用时的图像分辨率调整编码的数量，从而得到最合适的编码量。

5.室内装饰性人工标识

前面提到的可见标识在一定程度上破坏了环境的美观性，同时可能分散使用者的注意力。而不可见标识，如红外标识则需要大量的硬件设备支持。Saito 等提出增强现实系统中的跟踪技术应满足四个要求：①使用方便；②价格低廉；③不破坏环境的美观性；④在任意大小环境下有效。基于以上四点，他们设计了一种具有室内装饰效果的人工标识系统。与以往系统不同的是，他们设计的人工标识隐藏在室内装饰的墙纸、地板或天花板上。

（1）标识点图形设计。图 5-11 展示了一种人工标识图案的样式，像这样的图案可以被当成装饰壁纸贴在墙上、地板上或天花板上，而不易被用户察觉。图 5-11（a）包含四种不同的图形，它们按照不同的倾斜角排列在系统图案中，如图 5-11（b）所示。并且每四个不同的图形组成一组，构成一个标识，每个标识中的四个图形的排列方位信息包含编码信息，并且这四个图形各自的质心为跟踪注册提供了位置信息。

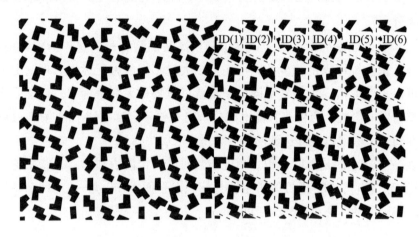

（a）标识点图案

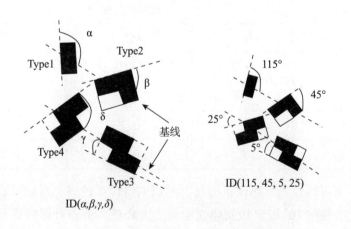

（b）一个标识点和编码信息

图 5-11　人工标识图案

将图 5-11（a）中出现的四种不同的图案分别称为 Type1、Type2、Type3

和 Type4。图案的旋转角（rotational angle）用基线（base line）到能够覆盖图形最小的长方形的长边所在直线的夹角确定。其中，基线为连接两个图形质心的直线，如图 5-11（b）中虚点线所示。因为某些图案（如菱形）可能有不止一个最小的长方形能够覆盖它，所以这样的图案对标识是没有意义的。为了使这样的图案有意义，它们的旋转角可以用基线到指定的一条边或者主轴（如长轴）的角来确定。旋转角按顺时针顺序构成的变量$(\alpha, \beta, \gamma, \delta)$将作为标识的 ID 值。

（2）标识的编码量。因为该标识利用图案的旋转角向量作为编码信息，所以该标识系统可以由很少的图形构造出大量不同的人工标识。理论上由于角度可以连续取值，由少量不同的图案就可以提供无数个标识。但是受噪声和计算精度的影响，摄像机只能准确分辨出相差一定度数的不同角度。因此，需要准确知道摄像机能够达到的角度分辨率。

表 5-1 展示的是不同标识点角度与其对应的错误识别率，0°指摄像机主轴与标识点垂直，45°指摄像机主轴与标识点平面成 45°角，"运动"指摄像机做不规则运动，测试距离为 1 000 mm。

表5-1　不同标识点角度与其对应的错误识别率

角度差别 /°	识别错误率 /%		
	0°	45°	运动
5	0.9	14.0	44.9
10	0.5	1.1	7.2
15	0	0.1	1.9
20	0	0.1	1.2

从表 5-1 可以看出，摄像机运动时的识别错误率较高。当标识旋转角度间的差别大于等于 10°时，识别错误率将大大降低。中心对称的长方形图案有 18 种不同的摆放方式。

（3）基于室内装饰标识的特点。

①隐蔽性。标识点隐藏在图案中，可用图形的旋转角向量作为编码信息，利用图形的位置信息计算摄像机的六自由度姿态。

②易于设计。利用图形排列算法可以很容易地设计图案，避免了人工标识必须有特殊设计图案的局限性，能够很简便地设计出大量的标识图案。

③跟踪范围大。利用图案中图形的旋转角作为 ID，一个图形就可以提供十个以上的 ID。只要增加图形的数量就可以指数级地增加 ID 的个数。因此，可以提供足够大的标识图案装饰任意大小的室内空间。

④价格低。该算法的价格较低，能够供多人同时使用该系统。

6. 红外标识系统

1999 年，北卡罗来纳大学的 Welch 等提出了一种基于红外线跟踪的大范围跟踪系统——Hi-Ball 跟踪系统。该系统由 Hi-Ball 光学传感器、红外 LED 阵列以及 CIB（ceiling Hi-Ball interface board）组成。Hi-Ball 光学传感器由 6 个镜头和光电二极管排列组成，光电二极管用于接收安装在天花板的红外 LED 发出的红外信号。红外 LED 阵列上的每个 LED 按照一定的时间规律发射红外线实现其自身的编码。该系统覆盖范围非常大，几乎可以不受限制。在整个跟踪空间内均可保持高精度跟踪，且不受金属、磁场、噪声等因素的影响。同时，该系统也可提供非常高的刷新率和低延时，即使在高速度运动下也可进行实时跟踪定位。但是，该系统的结构复杂，且价格较为昂贵。

为减少对环境的侵入性，Nakazato 等提出了一种半透明回归反射标识系统（invisible retro-reflective markers）。反射器反射红外 LED 发出的红外线，可被红外摄像机获取。

（1）标识图案设计。标识的样式可以采用前面提出的各种可见光标识样式，这里采用 Sony 公司提出的标识点样式，如图 5-12 所示，其中黑色部分表示回归反射器。为了捕获到标识点的图像，需要使用红外 LED 和红外摄像机。

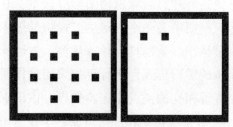

图 5-12　标识点示例

（2）标识的识别。因为系统用的摄像机不仅能捕获红外 LED 发出的光线，还能捕获可见光。为了更好地利用图像信息，在进行标识识别时，应由计算机控制红外 LED 的开关。摄像机与红外 LED 的开关保持同步，捕获可见和红外两种环境下的图像。由于 LED 开关的时间间隔极短，因此可以合理地认为场景没有发生变化，且摄像机的姿态也未发生变化。

当红外 LED 关闭时，摄像机捕获的图像中看不到标识点，而当红外 LED 打开时，摄像机捕获的图像中可以很清楚地看到标识点。

5.1.3　各种人工标识系统中的识别定位算法比较

前文介绍了目前常见的各种人工标识系统及其相应的识别定位算法。各种算法的跟踪定位效果与标识物的图形设计是密切相关的，好的人工标识应该先具有优秀的图形样式设计方案。本节将从标识的形状、颜色、定位、识别、内部图形设计等方面进行详细比较和讨论，并对各种标识的设计方案进行综合比较分析。

1. 人工标识的形状

在场景中放置人工标识的目的是能够快速获得标识上特征点的三维空间坐标与其投影至二维图像上的图像坐标间的对应关系。确切地说，任何一个视觉特征在其位置已知（或能被计算出来）的情况下，都能作为一个标识被自动识别。为确定摄像机相对于标识物的空间位置和方向，要求计算机至少能够识别摄像机所拍摄图像中的三个非共线特征点。事实上，若只利用三个特征对应点计算摄像机的六自由度位姿，其计算结果存在二义性。通常情况下，方程求解可得到三个或四个解。若能够在摄像机拍摄的图像中识别出四个共面点，且已知它们在世界坐标系中的坐标，则可唯一确定摄像机的六自由度位姿。由此可见，一个理想的标识物图形应该至少具有四个可识别的特征。这并不意味着标识点图形必须是方形的。标识的图像形式越简单，其特征点识别提取的计算量越小，就越具有计算优势。方形标识是能够从其上提取四个特征点的最简单的图形形式，而且可以采用最佳匹配算法拟合图形的四条直线边缘，利用直线相交的交点作为特征点。该识别算法能够达到亚像素级精度，如 AR Toolkit 的标准标识图形就是一个正方形。

在此需要指出的是，如果能够从圆形标识上提取足够的特征点，圆形标记也可以用来确定摄像机的六自由度姿态。POSE_FROM_CIRCLE 算法就提供了一种鲁棒性的解决方案，该算法能够提供圆形边界上的特征点。

2. 标识的颜色

彩色标识相较于单色标识可增加标识的信息量，但是事实上，许多技术方面的因素决定了采用单色标识更加适宜。

（1）不同的摄像机系统具有的色度分辨率不同。

（2）单色可简化图像的表征。

（3）单色图形便于实现高效定位。

一般而言，人类视觉系统对亮度分量的空间频率灵敏度高于色度分量的灵敏度。但是，许多计算机为了设计的图像系统模拟这种特性，在低带宽通道中传送色度信息或用更低的分辨率重现色度信息，这样做的结果势必会减弱彩色标识的分辨率。即使完全捕获由 RGB 颜色表示的图像信息，所得到的彩色图像也将会占用更多的存储器空间，从而使提取识别特征点的运行时间增加 3 倍或 4 倍。

另外一个需要考虑的问题是识别定位算法的准确性。采用彩色标识作为标识物的优势是能够利用它的颜色信息区分特定的标识。但是，颜色的判断在很大程度上取决于环境光照的条件，某些方向的反射光线能够改变映射颜色的色度。因此，利用颜色信息进行跟踪定位存在精度问题。

3. 定位标识区域

标识的形状和颜色的设计与标识的定位算法直接相关。例如，AR Toolkit 标识是一个具有黑色边框的方形单色图案，方形边框内的特殊图案可用于计算机对标识进行识别。在将标识的灰度图像转换为二值图像时，要求标识区域与背景环境存在差异，以便进行标识点区域分割。显然，该标识设计方案具有以下几个非常明显的优势：方形的形状设计为提取、跟踪正方形的四个角点提供了便利，而黑色的边框与背景形成了最大的反差；一旦角点被确定，边界直线内部的标识图案就可以通过编码或图像匹配等方法进行唯一性识别。

4. 标识的可识别范围

标识的可识别范围依赖于摄像机的分辨率和内部参数。一些人工标识系统的设计允许在不同尺度上进行标识的定位识别，这就使摄像机可以在更大范围内移动。在一定的空间区域布置多个不同大小的标识点，也可以达到相同的效果。但是，一个标识图像在多少个小时内才可以被正确识别呢？这里的大小主要指摄像机采集图像中的标识物的相对大小。选择 16×16 像素大小的图像用于实验，实验结果显示任意轴向上最小的可识别图像元必须为 16 像素。在给定这个标准之后，相应的问题也就出现了：边界要多宽才合适？事实上，为了确保可信的轮廓位置，边界必须足够宽，以保证较远距离拍摄时，边界可以被完全拍摄到。如果边界过于狭窄，就会使像素变得过于灰暗，而不能进行正确的边界匹配，所以边界的宽度必须大于任何两个像素之间的距离。这个距离实际上是 2.83 像素。因为两像素间的最短距离存在于对角线上，其大小为 1.41 像素。因此，标识点图像至少应有 16+2.83+2.83=21.66 像素的宽度才能作为可识别的图像。为了达到设计的目的，边界必须占标识点宽度的 13%，也可适当地选取 15% 的边界宽度。但是，也要注意边界宽度应该被保持在最小，以便增加内部图像的大小，这样才能确保进行大范围的识别。

5. 特征点提取

人工标识最主要的功能是提供特征点的对应点集，因此标识图形还必须有可以精确提取的特征点。这些特征点要尽可能便于提取，并且提取精度要尽可能高。由于人工标识系统中的特征往往是预先设计的，而且往往是直线交点、图形拐点等射影不变的元素，因此这样特征的提取就会更准确，且更具针对性。特征点提取常常采用如直线拟合、弧拟合、取重心等算法，以设法得到亚像素级的特征位置。

6. 标识的编码信息量

人工标识的编码算法是区别标识系统的一个重要指标。标识图形要先保证能够正确区分不同的标识。也就是说，要尽量减小将一个标识错误地识别为其他标识的概率。同时，要减小非标识图形被识别为标识的误报率和识别不出标识的漏报率。由于图像采集过程不可避免的误差和图像分辨率的限制，标识图形在采集图像中可能存在一定的误差和变形等，这就需要标识具有容错能力。此外，在保证上述识别能力的情况下，标识的编码空间要尽可能大，即允许的标识编码数量要尽可能多。当然允许的编码数量是与正确识别标识图形的概率有关的，要共同考虑。

7. 理想特征的概要

综上所述，选择理想标识物的标准应综合考量以下几方面：标识的图像必须在摄像机的大视场范围内有效；标识的图像应该能够提供唯一确定摄像机位置和方向的特征信息，而不存在二义性；标识图像不应该在某些方向占有优势；标识应具有较大的编码信息量，确保大空间范围内的标识均可被唯一地标记识别；标识的设计应能够较为容易地实现图像定位，同时能够使用简单快捷的算法进行识别。

5.2 无标识增强现实三维跟踪注册技术

5.2.1 基于场景平面的增强现实跟踪注册

2000 年，Simon 等提出了一种基于场景中平面结构的无标识点增强现实跟踪注册算法。虽然该算法在一定程度上解决了无人工标识点情况下的虚实场景注册问题，但其也存在相当致命的缺陷，即在注册时，必须先在人工干预的情况下将第一幅图像配准。同时由于算法自身的原因，在跟踪注册过程中不可避免地会产生累积误差，因此这种算法只能在很短的一段时间内正常工作，经过一段时间后必须使用其他方法去除累积误差。

1. 系统初始化

基于平面结构的实时无标识点增强现实跟踪注册算法不能实现系统参数的自动初始化，需要在初始帧时对场景图像进行摄像机定标、手工圈定平面区域以及初始 3D/2D 单应性矩阵的求解等一系列初始化工作。

（1）摄像机标定。该算法使用的是内部参数已知的摄像机，对于大多数应用系统来说，这并不难实现。摄像机标定所要完成的主要任务是标定摄像机的内部参数矩阵 K，可以选用第 4 章所提到的比较成熟的摄像机标定方法来事先标定摄像机的内部参数。

（2）手工圈定平面区域。该算法建立在对场景平面区域的检测和持续追踪的基础之上。因此，需要在算法运行的初始阶段，手工圈定平面区域的大致轮廓。该过程可通过一系列鼠标动作有效地圈定出一个平面范围并提供给系统。

（3）初始单应性矩阵 H_w 的求解。由于该算法是建立在对摄像机的完全认知以及对场景空间结构的简单理解之上的，因此可定义世界坐标系的 XOY 平面与目标平面重合，Z 轴垂直于该平面。此时，空间平面上的三维空间点 $(x, y, 0)$ 与其在摄像机投影图像上的对应点 (u, v) 的关系可以用矩阵 $\boldsymbol{H}_\mathrm{w}$ 描述。单应性矩阵不存在条件数过大的问题，只需要提供四个准确的对应点就可以稳定地求解。因此，算法是根据对场景的简单理解，在首帧图像上手工选取四个已知空间坐标的三维空间点并记录其相应的图像点，按照直接线性解法求解 $\boldsymbol{H}_\mathrm{w}$。

2. 摄像机位姿估计

初始化过程完成后，即可进行后续帧的摄像机位姿实时计算。考虑到算法初始化后的首帧图像，即第二帧图像的情况，若能够建立第二帧图像上的 2D 特征点 $\boldsymbol{m}_2$ 与其所对应的 3D 空间点 $\boldsymbol{M}_2$ 的对应关系，则其满足

$$\boldsymbol{m}_2 = \boldsymbol{H}_\mathrm{w}^2 \boldsymbol{M}_2 \tag{5-10}$$

由于已建立了第一帧图像上的特征点 2D/3D 对应关系 $(\boldsymbol{m}_1, \boldsymbol{M}_1)$，即存在 $\boldsymbol{H}_\mathrm{w}^1$ 且满足

$$\boldsymbol{m}_1 = \boldsymbol{H}_\mathrm{w}^1 \boldsymbol{M}_1 \tag{5-11}$$

若 $(\boldsymbol{m}_1, \boldsymbol{m}_2)$ 为 2D/2D 特征匹配点对，则其所对应的空间 3D 点为同一点，即 $\boldsymbol{M}_1 = \boldsymbol{M}_2$，首图像与第二帧图像间的单应性矩阵 $\boldsymbol{H}_1^2$ 满足

$$\boldsymbol{m}_2 = \boldsymbol{H}_1^2 \boldsymbol{m}_1 \tag{5-12}$$

由此可得

$$\boldsymbol{H}_\mathrm{w}^2 = \boldsymbol{H}_1^2 \boldsymbol{H}_\mathrm{w}^1 \tag{5-13}$$

由式（5-13）可以看出，如果单应性矩阵 $\boldsymbol{H}_\mathrm{w}^{i-1}$ 已知，并且可以精确地求解出连续帧图像间的单应性矩阵 $\boldsymbol{H}_{i-1}^i$，则当前帧所对应的 3D/2D 单应性矩阵 $\boldsymbol{H}_\mathrm{w}^i$ 就可由式（5-13）求解。

继续考察上述第二帧的情况，为了在求解出对应的单应性矩阵 $\boldsymbol{H}_\mathrm{w}^2$ 之后求解相机的位姿信息，写出 $\boldsymbol{H}_\mathrm{w}^2$ 单应性矩阵的分解形式：

$$H_{\mathrm{w}}^2 = K\left[r_1, r_2, t\right] \qquad\qquad (5-14)$$

观察式（5-14）的右端，在摄像机内部参数 K 已知的情况下，通过式（5-14）可直接求解出 r_1，r_2 和 t，此时仍缺少 r_3。由于 r_1，r_2，r_3 共同构成了旋转矩阵 R 的三列，并且旋转矩阵 R 满足单位正交矩阵的约束条件，因此可通过式（5-15）求解 r_3：

$$r_1 = r_1 / \|r_1\|, r_2 = r_2 / \|r_2\|, r_3 = r_1 \times r_2, r_3 = r_3 / \|r_3\| \qquad (5-15)$$

求解出 r_3 之后即完成了当前帧摄像机位姿 R，T 的求解，后续帧摄像机位姿的求解可依次按上述方法进行。

基于平面结构的增强现实跟踪注册算法实际上是一个累积计算的过程，所以不可避免地存在误差累加。因此，该算法不适用于漫游式实时增强现实系统。

3. 实验结果

基于平面结构的跟踪注册算法是早期研究人员提出的一种有效的实时无标识增强现实跟踪注册算法。该算法的实时性较好，包括给定区域的特征点提取、匹配、单应性矩阵的计算等，在 P4 2.8 G、512 MB 内存的机器上可在 100 ms 内完成。但是由于算法自身的局限性，其不可避免地存在以下缺点。

（1）对场景的约束较大。由于该算法自身的原因，其所能处理的场景中必须存在一个优势平面。并且由于初始化的需要，至少需要知道位于该平面上的四个空间点坐标，而该约束条件在实际应用中并不总能得到满足，极大地缩小了该算法的应用范围。

（2）鲁棒性较差。鲁棒性较差主要体现在两方面：一方面，算法不能正确处理摄像机的突然抖动，容易导致算法终止运行；另一方面，算法不可避免地存在误差累积，因此不能长时间稳定运行。

5.2.2　基于模型和关键帧的注册方法

本节介绍的增强现实实时跟踪注册算法是由瑞士联邦理工学院计算机视觉实验室的 Lepetit 等在 2003 年提出的。该算法利用场景的离线和在线信息完成增强现实的三维实时跟踪注册，对摄像机的视点变化、环境光照以及物体的遮挡等都保持了较好的鲁棒性，在当时是一种较为优秀的增强现实跟踪注册算法。

该算法分为离线和在线两个阶段。离线阶段，系统利用商业化软件 Boujou 等恢复场景的三维空间结构和摄像机的运动轨迹，并创建场景的关键帧信息库；在线阶段，系统先选择与当前帧视点最接近的关键帧，建立当前帧与关键帧间的特征点匹配，然后在已知场景模型的基础上，进一步构建当前帧图像上的特征点与三维模型上相对应的空间点的 2D/3D 匹配，从而可以利用优化算法计算摄像机的位姿。虽然在应用该算法时需要预先获取部分场景的 3D 模型以及关键帧，但是在获取这些先验知识的基础上，系统能够克服传统算法的诸多不足。因此，其可以应用于实时性和鲁棒性要求较高的增强现实系统中。

1.3D 场景模型与关键帧的创建

在离线阶段，系统需要预先获得场景的 3D 模型，建立来自不同视点的真实场景参考图像数据库，并对其进行标定，这一过程可以通过使用商业三维运动结构重建软件 Boujou 实现。在场景 3D 模型已知的情况下，标定一些关键帧一般只需要几分钟。场景关键帧的获取过程如下：首先，绕场景拍摄一段图像序列；其次，利用 Boujou 估计场景的三维结构以及每一帧图像中摄像机的投影矩阵；最后，选择序列中的 8 ~ 10 帧作为关键帧。由于 Boujou 软件是在全局优化的基础上计算获得的场景和摄像机的参数信息，因此具有非常高的计算精度，其计算结果可被用作基准数据。

在已知物体三维结构信息的情况下，将关键帧图像上提取的特征点反投影至物体表面即可建立特征点的 2D/3D 匹配。用 $m(u_i, v_i)$ 表示特征点的图像坐标，用 $M(x_i, y_i, z_i)$ 表示其三维空间坐标，则可建立如下方程：

$$m = \lambda PM$$
$$P = K[R \quad T]$$

$$(5-16)$$

式中：P 为投影矩阵，可分解为摄像机内部参数 K 以及外部参数 R 和 T；λ 为比例因子。

在 R 和 T 已知的情况下，可对每一关键帧图像创建物体特征点的 2D/3D 匹配、摄像机的投影矩阵、待注册物体每个表面的法向矢量 n 等数据结构信息。

2. 选择参考图像帧

完成系统的离线处理后，即可在在线阶段实现摄像机位姿的实时跟踪。摄像机在场景中的位置随用户的视点变化而改变，因此此时必须确定与用户当前视点最接近的关键帧。关键帧的选择判据如图 5-13 所示，其中 K_1、K_2 为关键帧的位置，C 为前一帧摄像机的位置。

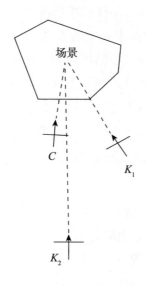

图 5-13　关键帧的选择判据

在进行关键帧的选择时，只是简单地计算前一帧摄像机与关键帧摄像机的距离显然是不够准确的。例如，对于图 5-13 所示的情况，如果只是按照距离判据，则应选择 K_1 作为关键帧。但从图 5-13 可以看出，K_2 与 C 的观察视点更接近。若选择 K_1 作为关键帧与当前帧进行图像匹配，则可能只会获得较少的匹配点对，这势必会影响跟踪定位计算的精度。为了修正该问题，在实际应用过程中，Lepetit 选择了一种基于被跟踪物体外观的关键帧选择判据：

$$\sum_{\forall f \in \text{Model}} \left(\text{Area}\left(f, A_p \begin{bmatrix} R_p & T_p \end{bmatrix} \right) \right) - \text{Area}\left(f, A_k \begin{bmatrix} R_k & T_k \end{bmatrix} \right) \Big)^2 \qquad （5-17）$$

式中：$\text{Area}(f, \boldsymbol{P})$ 代表平面 f 经由投影矩阵 $\boldsymbol{P}$ 投影到图像平面后的面积。

采用加速的 OpenGL 将被跟踪物体的模型按照前一帧摄像机的姿态投影到图像平面，每一个平面采用不同的颜色渲染，就可以获得该渲染结果的直方图。横轴为平面的 ID，纵轴为对应平面颜色的像素数。按式（5-17）将所获得的直方图数据进行运算，即可选择出最接近当前帧的关键帧。

3. 宽基线匹配

将当前帧图像与选取的参考帧图像进行特征匹配时，两幅图像间的视点仍可能存在较大偏差，此时两幅图像间的特征匹配为宽基线匹配。为了提高特征点的匹配数量，该算法采用绘制中间帧的方法。首先，在参考帧图像上的特征点周围提取 15×15 像素大小的图像区域，利用前一帧图像的位姿参数对其进行旋转平移变换合成中间图像帧。该中间图像的视点采用的是当前图像前一帧的视点参数，所以这两幅图像间的特征点匹配由宽基线匹配转换为窄基线匹配问题。在进行上述计算时，其假设特征点周围的像素区域位于同一物体的表面，因此可视为平面。通过单应性矩阵 H，参考图像上的特征点 m_0 周围的像素 m_k 可映射到合成的中间图像像素 m_s，单应性矩阵可通过下式计算：

$$
\begin{aligned}
\delta R &= R R_K^{\mathrm{T}} \\
\delta T &= -R R_K^{\mathrm{T}} T_K + T \\
n' &= R_K n; d' = d - T_K^{\mathrm{T}} \left(R_K n \right)
\end{aligned}
\tag{5-18}
$$

式中：$\begin{bmatrix} R_K & T_K \end{bmatrix}$ 和 $[R \ T]$ 分别为参考图像与当前图像的前一帧的旋转和平移矩阵，n 为特征点像素所处的物体表面的法向矢量；d 为特征点到原点的距离。

为节约计算时间，该变换在 m_0 附近被近似为仿射变换，其一阶近似为

$$
m_s \approx H m_0 + J_H \left(m_0 \right) \left(m_k - m_0 \right)
\tag{5-19}
$$

式中：J_H 是 H 的雅可比矩阵。

为匹配当前帧与中间合成图像间的特征点，算法在当前图像的特征点周围开设 7×7 像素大小的窗口，在中间图像上搜索其相关匹配。采用这一方法搜索到的图像匹配点不够精确，存在较多误匹配数据，因此需要采用 RANSAC 算法进一步提高数据匹配的准确度。利用 RANSAC 算法可建立当前帧图像特征点 m_c 与中间帧图像点 m_s 间的对应关系：

$$
m_c^j \leftrightarrow m_s^i
\tag{5-20}
$$

合成帧来源于参考图像，而参考图像是经过标定的。因此，中间合成图

像点m_s的三维坐标M_s为已知参数。在三维点坐标满足$M_t^j = M^i$的情况下，可以建立三维点坐标M_c^j与当前帧图像点m_s^j间的映射关系。

4. 摄像机位姿求解

建立起当前图像特征点与其三维空间坐标点的对应关系后，在摄像机内部参数K已知的情况下，为了进一步提高参数估计精度，还需要强化算法对错误数据匹配的容忍度，即采用 Tukey M- 估计算法计算摄像机的位姿。

Tukey M- 估计算法利用最小化误差残差$\min \sum\limits_{i=1}^{n} \rho(r_i)$获得参数的最优估计，此处$\rho$为连续对称函数，$r_i = \| m_i - \lambda P_i M_i \|$为图像的反投影误差。Tukey M- 估计算法中的ρ可以表示为

$$\rho(x) = \begin{cases} \dfrac{c^2}{6} \left\{ 1 - \left[1 - \left(\dfrac{x}{c} \right)^2 \right]^3 \right\}, |x| \leqslant c \\ \dfrac{c^2}{6}, |x| < c \end{cases} \tag{5-21}$$

通过迭代优化即可求解摄像机的旋转和平移矩阵，Tukey M- 估计算法的初始值为当前图像前一帧的视点参数。

在实际应用过程中，如果仅利用关键帧计算摄像机的运动参数，其参数估计结果可能会出现大幅跳跃的现象。为此，可通过加入前后帧信息对计算结果进行约束的方法加以克服。记n_t^i为第t帧中点i的 2D 图像坐标，N^i为其对应的未知空间 3D 图像坐标，该算法通过最小化式（5-22）来包含这些附加信息

$$\sum\limits_{j=1}^{t} r_j + \sum\limits_{i=1}^{k} \sum\limits_{j \in \Theta^i} \rho_{\text{TUK}} \left[\left\| n_j^i - \phi(P_j, N^i) \right\|^2 \right] \tag{5-22}$$

式中：r_j为对应P_i到P_t的投影矩阵，即摄像机从初始到当前时刻t的投影矩阵；Θ^i为出现第i个特征点的所有帧的集合。

为了减小计算量，只计算当前帧和前一帧。于是，问题转化为

$$\min_{P_t, P_{t-1}, N^i} \left(r_t + r_{t-1} + \sum_i s_t^i \right) \quad (5-23)$$

$$s_t^i = \rho_{\text{TUK}} \left[\left\| n_t^i - \phi\left(P_t, N^i\right) \right\|^2 + \left\| n_{t-1}^{\omega(i)} - \phi\left(P_{t-1}, N^i\right) \right\|^2 \right] \quad (5-24)$$

式中：$n_{t-1}^{\omega(i)}$ 为前一帧中与当前帧特征点 n_t^i 匹配的点。

5. 算法评价

Lepetit 等提出的联合 3D 模型与关键帧的无标识实时跟踪注册算法有效解决了注册算法中存在的抖动和漂移问题，是一种较优秀的跟踪注册算法。但是，由于该算法是在 2003 年提出的，当时对于解决特征的宽基线匹配问题，还需要绘制中间帧将其转换为窄基线匹配问题。随着尺度不变性特征提取匹配算法（如 SIFT 算法、SURF 算法以及 Fems 算法）的提出，这些特征提取算法自身就具有对旋转、缩放以及大视角变化的不变性。因此，不需要将宽基线匹配转换为窄基线匹配。此外，算法在选择参考图像帧时，采用 OpenGL 绘制目标物体的模型，并将其投影至图像平面上统计直方图，用直方图匹配的方式选择离当前帧视点最接近的参考帧图像。这样做的计算量较大，针对小场景还可胜任；若是户外的大范围复杂场景，其计算量将相当可观。

无论如何，该算法提供了一个较完善的增强现实跟踪注册解决方案，此后的大多数增强现实跟踪注册算法大多是在此基础上加以改进的。例如，针对参考帧选择方面，Zhang 等提出，参考帧图像不仅要与当前帧图像视点接近，还需要能够在其上提取到较多生命周期长的特征点。在特征提取匹配方面，Lowe 提出的目前公认的性能最为优越的 SIFT 算法，以及 Ozuysal 等提出的 FEMS 特征识别算法均可解决特征的宽基线匹配问题。

5.2.3　基于图像匹配的无标识跟踪注册方法

2004 年，希腊多家研究机构和政府部门成立了联合小组，设计开发了基于增强现实的文化古迹导游系统 Archeoguide。该系统利用 GPS 实现粗定位，然后采用图像匹配的方式实现精确的无标识跟踪注册。该算法采用 2D 图像匹配算法获得真实场景与用户间的相对位姿信息，需要保证真实场景中的待跟踪物体或景物与用户间的距离较远，一般需大于 5 m。算法具体步骤如下：

第一，创建来自不同视点的真实场景参考图像数据库。

第二，计算当前图像与图像库中的参考图像间的互相关系数，确定与用户当前视点最匹配的参考图。

第三，采用 Fourier-Mellin 变换算法计算出真实场景与参考图像间的相对位姿信息。

第四，渲染融合显示。

1. 关键帧匹配

算法在关键帧选取时，采用的是计算两幅图像间的归一化互相关系数的方式。根据相关系数的计算结果，可以选择与当前帧图像视点最接近的关键帧图像，然后利用 2D 图像匹配算法，计算当前图像与关键帧图像间的视点偏差，估计用户当前的位姿信息。

2. 2D 图像匹配算法

在 2D 刚性图像配准中，需要获得两幅图像之间的尺度 S、旋转 R 和平移 T 三个参数，该算法利用 Fourier-Mellin 变换实现这三个参数的检测。其核心思想是利用两幅图像 Fourier 谱的相位相关性实现图像的平移检测，同时结合极坐标变换和 Mellin 变换将旋转和尺度参数的检测问题转换为平移检测问题，实现 R、S、T 三个参数的综合检测。

（1）图像平移检测的相位相关检测。设 f_s 为输入图像，f_r 为参考图像，如果二者之间存在相对平移量 $(\Delta x, \Delta y)$，即

$$f_s(x,y) = f_r(x - \Delta x, y - \Delta y) \tag{5-25}$$

设 F_s、F_r 是两幅图像所对应的 Fourier 谱，根据 Fourier 变换的相移定理，有

$$F_s(u,v) = \mathrm{e}^{-j2\pi(u \cdot \Delta x + v \cdot \Delta y)} F_r(u,v) \tag{5-26}$$

经 Fourier 变换后相对平移信息转移到相位因子中。为求解 $(\Delta x, \Delta y)$，定义 F_s、F_r 的归一化互相关功率谱 R 如下：

$$R = \frac{F_s(u,v) \cdot F_r^*(u,v)}{\left| F_s(u,v) \cdot F_r(u,v) \right|} = \mathrm{e}^{j2\pi(u \cdot \Delta x + v \cdot \Delta y)} \tag{5-27}$$

式中：F^* 是 F 的复共轭。

对 R 取 Fourier 反变换，可得到 XOY 平面上的冲激函数，即

$$F^{-1}(R) = \delta(x - \Delta x, y - \Delta y) \qquad (5-28)$$

通过检测冲激函数 $\delta(x - \Delta x, y - \Delta y)$ 的峰值位置，即可获得两幅图像间的相对平移 $(\Delta x, \Delta y)$。

（2）图像平移和旋转参数的检测。若输入图像 $f_s(x, y)$ 是由参考图像 $f_r(x, y)$ 经过角度为 $\Delta\theta$ 的相对旋转以及 $(\Delta x, \Delta y)$ 的相对平移后得到的，那么它可以表示为

$$f_s(x, y) = f_r(x \cdot \cos\Delta\theta - y \cdot \sin\Delta\theta - \Delta x, x \cdot \sin\Delta\theta + y \cdot \cos\Delta\theta - \Delta y) \qquad (5-29)$$

根据 Fourier 变换的性质，其 Fourier 谱 F_s、F_r 之间存在如下关系：

$$F_s(u, v) = \mathrm{e}^{-j2\pi(u \cdot \Delta x + v \cdot \Delta y)} F_r(u \cdot \cos\Delta\theta - v \cdot \sin\Delta\theta, u \cdot \sin\Delta\theta + v \cdot \cos\Delta\theta) \qquad (5-30)$$

对式（5-30）两边取模得到

$$\left| F_s(u, v) \right| = \left| F_r(u \cdot \cos\Delta\theta - v \cdot \sin\Delta\theta, u \cdot \sin\Delta\theta + v \cdot \cos\Delta\theta) \right| \qquad (5-31)$$

这意味着 $|F_s|$ 中只包含旋转角度信息 $\Delta\theta$。在极坐标系中，$|F_s|$ 和 $|F_r|$ 之间的这一旋转变换可以表示成角度参数的平移，即

$$\left| F_s(\rho, \theta) \right| = \left| F_r(\rho, \theta - \Delta\theta) \right| \qquad (5-32)$$

采用相位相关检测即可得到相对旋转角 $\Delta\theta$。获得 $\Delta\theta$ 以后，对输入图像进行反向旋转校正，可得到 f_s'。f_s' 与参考图像 f_r 之间仅存在相对平移量 $(\Delta x, \Delta y)$，再次使用相位相关检测，即可得到 $(\Delta x, \Delta y)$。

（3）图像平移、旋转和缩放参数的检测。若输入图像 f_s 是参考图像 f_r 经由尺度缩放因子 k、旋转因子 $\Delta\theta$ 以及平移因子 $(\Delta x, \Delta y)$ 变换而来的，即

$$f_s(x, y) = f_r[k \cdot (x \cdot \cos\Delta\theta - y \cdot \sin\Delta\theta) - \Delta x, k \cdot (x \cdot \sin\Delta\theta + y \cdot \cos\Delta\theta) - \Delta y] \qquad (5-33)$$

则 Fourier 谱 F_s、F_r 之间具有如下关系：

$$F_s(u, v) = \frac{1}{k^2} \cdot \mathrm{e}^{-j2\pi\left(\frac{u \cdot \Delta x}{k} + \frac{v \cdot \Delta y}{k}\right)} \cdot F_r\left(\frac{u \cdot \cos\Delta\theta - v \cdot \sin\Delta\theta}{k}, \frac{u \cdot \sin\Delta\theta + v \cdot \cos\Delta\theta}{k}\right)$$

$$(5-34)$$

对式（5-34）两边取幅度谱：

$$|F_s(u,v)| = \frac{1}{k^2} \cdot \left| F_r\left(\frac{u \cdot \cos\Delta\theta - v \cdot \sin\Delta\theta}{k}, \frac{u \cdot \sin\Delta\theta + v \cdot \cos\Delta\theta}{k} \right) \right| \quad （5-35）$$

令 G_s 和 G_r 是 F_s、F_r 相应的幅度谱，则式（5-35）可简化为

$$G_s(u,v) = \frac{1}{k^2} \cdot G_r\left(\frac{u \cdot \cos\Delta\theta - v \cdot \sin\Delta\theta}{k}, \frac{u \cdot \sin\Delta\theta + v \cdot \cos\Delta\theta}{k} \right) \quad （5-36）$$

令 H_s 和 H_r 是幅度谱 G_s 和 G_r 从笛卡儿坐标系转换到极坐标系后的结果，即

$$H_s(\rho,\theta) = \frac{1}{k^2} \cdot H_r(\rho / k, \theta + \Delta\theta) \quad （5-37）$$

其中令

$$\begin{cases} \rho = \left(u^2 + v^2\right)1/2 \\ \theta = \tan^{-1}(u/v) \end{cases} \quad （5-38）$$

对 ρ 引入对数变换，即取如下对数 – 极坐标变换：

$$\begin{cases} r = \log_a \rho \\ \varphi = \theta \end{cases} \quad （5-39）$$

此时，尺度因子 k 可以通过平移相位相关检测法得到。由于尺度因子和旋转因子都转变成为加性运算，因此可利用平移相位相关检测法得到 $\log_a k$ 和 $\Delta\theta$，进而求得 k 和 $\Delta\theta$。获得相对旋转角 $\Delta\theta$ 和尺度因子 k 后，可利用这两个因子对输入图像 f_s 进行反向校正，从而得到一幅新的图像 f_s'。此时，f_s' 与参考图像 f_r 之间只存在相对平移 $(\Delta x, \Delta y)$。再次使用相位相关检测法，即可得到 $(\Delta x, \Delta y)$。至此，f_s 与图像 f_r 间的尺度 k、旋转 $\Delta\theta$ 和平移 $(\Delta x, \Delta y)$ 的相对变换量均已获得，从而可利用该参数实现两幅图像间的配准。

图 5-14 是连续图像尺度、旋转、平移参数检测过程的原理框架。需要注意的是，在进行参数 R 和 S 的相关检测之前，需要确定两幅图像的旋转和缩放中心，也就是极坐标系的原点位置。这在原始图像的 XOY 坐标系中是难以确定的。由于图像的幅度谱具有与相对平移无关，能够保持图像的旋转角不变，以及其尺度因子与原图像互为倒数等性质，因此一般的做法是先对图像取幅度谱，以它的零级谱为极坐标系的原点，然后对经过极坐标变换以后的

幅度谱求解旋转和尺度变化因子。

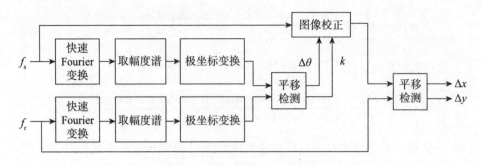

图 5-14 基于 Fourier 变换的参数检测

5.2.4 基于 SIFT 特征的无标识点跟踪注册方法

从本质上讲，该算法采用的也是基于稀疏点模型的跟踪注册算法。稀疏的场景 3D 模型是通过提取匹配序列帧图像上的 SIFT 特征点构建的。事实上，特征提取是实现增强现实跟踪注册的基础，也是计算机视觉领域的重要研究内容。目前在增强现实系统的跟踪注册算法中，常用的图像特征包括点特征、线特征和面特征等。从序列图像中提取尽可能多而定位精确的特征是完成增强现实系统虚实场景注册的关键步骤。

关于特征提取与匹配问题的研究，计算机视觉领域已有大量文献报道。特征提取匹配的典型流程如下：一是在待配准的图像上选取显著特征，如封闭区域、边缘、线段交点、角点、兴趣点等；二是确定这些特征在图像间的对应关系。用于特征匹配的特征描述子和相似性度量标准很多，包括灰度相关、二值图像相关、链码相关、结构匹配、不变矩之间的距离、动态规划和松弛法等。然而，由于增强现实应用场景的复杂性，这些技术仍然难以有效地解决增强现实跟踪注册系统中图像特征的对应问题。例如，Harris 特征点提取算子具有运算量小，自动化程度高，对环境光照变化、噪声能够保持一定鲁棒性的优点，常被用于增强现实系统中，实现真实场景中的自然特征提取。但是，其定位精度较低，只能检测到像素级精度的角点特征，同时对图像的仿射变换不具有不变性。

2004 年，Lowe 总结了现有的基于不变量技术的特征检测方法，提出了一种基于尺度空间的对图像缩放、旋转甚至仿射变换保持不变性的图像局部特征描述算子（scale invariant feature transform，SIFT），即尺度不变特征变换。该算法被公认为目前性能最优越的特征提取算子，被广泛应用于目标跟踪、运动结构重建、模式识别、图像匹配等领域。因此，本节首先介绍 SIFT 算法，然后讨论基于该特征算子的增强现实跟踪注册算法。

1. SIFT 特征描述算子

SIFT 算子是一种能对图像旋转、尺度缩放、仿射变换、视角变化、光照变化等图像变化因素保持一定的不变性，而对物体运动、遮挡、噪声等因素也保持较强鲁棒性的图像局部特征描述算子。SIFT 算子是将图像的二维平面空间和高斯差分算子（difference of Gaussian，DoG）多尺度空间检测到的局部极值作为特征点，以使特征具备良好的独特性和稳定性的一种算子。

（1）极值搜索。对于一幅二维图像 $I(x,y)$，其在某一尺度空间的表示可由图像与高斯核卷积获得，即

$$J(x,y,\sigma) = G(x,y,\sigma) * I(x,y) \qquad (5-40)$$

式（5-40）中的二维高斯核为

$$G(x,y,\sigma) = \frac{1}{2\pi\sigma^2} e^{-(x^2+y^2)/2\sigma^2} \qquad (5-41)$$

式中：(x,y) 为图像的像素位置；σ 为尺度空间因子，大尺度对应于图像的概貌特征，小尺度对应于图像的细节特征；J 为图像的尺度空间表示。

多尺度空间算子 DoG 定义为两个不同尺度的高斯核的差分

$$D(x,y,\sigma) = [G(x,y,k\sigma) - G(x,y,\sigma)] * I(x,y) \qquad (5-42)$$

SIFT 算子针对图像上的每一点，计算其在每一尺度下的 DoG 算子的响应值，然后将 DoG 尺度空间中的每个点与相邻尺度和相邻位置的点逐个进行比较，获得的局部极值位置即关键点所处的位置和对应的尺度。

（2）精炼关键点。在获得大量图像特征点的基础上，利用三维二次函数拟合的方法对局部极值点与关键点进行进一步精确定位，同时去除低对比度的关键点和不稳定的边缘响应点，以增强后续图像特征匹配的稳定性，提高算法的抗噪能力。

（3）指派关键点方向。SIFT 特征描述算子利用关键点邻域像素的梯度方向分布特性为每个关键点指定方向参数，使算子具备旋转不变性，点 (x,y) 处

梯度的模值 m 和方向 θ 可通过下式表示：

$$m(x,y) = \sqrt{[J(x+1,y) - J(x-1,y)]^2 + [J(x,y+1) - J(x,y-1)]^2} \quad (5\text{-}43)$$

$$\theta = \tan 2\{[J(x,y+1) - J(x,y-1)] / [J(x+1,y) - J(x-1,y)]\} \quad (5\text{-}44)$$

式中：J 所用的尺度为每个关键点各自所在的尺度。

在实际计算时，在以关键点为中心的邻域窗口内采样，并用直方图统计邻域像素的梯度方向，直方图的峰值即代表该关键点处邻域梯度的主方向。

（4）建立关键点描述。以 32 维 SIFT 描述算子的构造过程为例，SIFT 描述算子为每个关键点赋予一个主方向，该主方向是指关键点邻域内各点梯度方向的直方图中最大值所对应的方向。对任意一个关键点，在其所在的尺度空间取以关键点为中心的 8×8 像素大小的邻域，再将此邻域均匀地分为 2×2 个子区域，每个子区域大小为 4×4 像素。对每个子区域计算其梯度方向直方图（直方图均匀分为 8 个方向）。然后对 2×2 个子区域的 8 方向梯度直方图根据位置依次排序，构成一个 $2 \times 2 \times 8$ 维的向量，该向量就是 SIFT 特征描述算子。

2. SIFT 关键点的匹配

图像的 SIFT 特征向量生成后，需要完成序列图像间的特征匹配。为此，Lowe 以关键点特征向量的距离作为两帧图像中的关键点相似性测度。首先，根据特征向量的最近邻和次近邻距离之比，选择可靠性较高的匹配点对来计算几何约束模型；其次，在几何模型的约束下，对其余可能的匹配点对进行验证，扩展更多的匹配点对；最后，去除由于图像自相似或对称性造成的可能的错误匹配点对。具体步骤如下：

（1）对最近邻与次近邻之比设定阈值，如果描述算子之间的距离小于该阈值，则确定为可能的匹配点对。

（2）应用 RANSAC 鲁棒方法通过几何一致性检验去除野点，初步估计几何约束模型。

（3）在几何模型的约束下，对其余可能的匹配点对进行验证，扩展更多的匹配点对。

（4）去除由于图像自相似或对称性造成的可能的错误匹配点对。

3. 基于 SIFT 特征的摄像机位姿估计

在提出 SIFT 特征描述算子的基础上，Skrypnyk 等于 2004 年提出了一种基于 SIFT 算子的场景建模、识别与跟踪的注册算法，并将其应用于增强现实系统中。该算法先对离线拍摄的场景图像序列进行了稀疏场景结构重建，然后利用稀疏点模型以及场景的前后帧相关信息进行了三维跟踪注册。

5.2.5　基于运动结构重建的跟踪注册算法

早在 1998 年，英国牛津大学机器视觉组的 Davison 就开始从事实时运动结构重建（real-time structure and motion）方面的研究工作，首次提出了基于主动重建的跟踪定位方法。该方法的思想源自机器人导航领域的同步定位和地图创建算法（simultaneous localization and mapping，SLAM）。本质上，SLAM 问题可以简单描述如下：移动机器人在未知环境中运动时逐步构建周围环境的地图，同时运用该地图对机器人的位置和姿态进行估计。近年来，实时可视化定位和地图创建算法取得了很大的进步。比较典型的代表为 Davison 的单目摄像机 Monlslm 算法、Montemerlo 等在粒子滤波框架下的 FastSLAM 2.0 算法以及 Klein 等的 PTAM 算法。本节就 Davison 等提出的 MonoSLAM 算法以及 Klein 等提出的 PTAM 算法在增强现实系统中的应用做一个简单介绍。

1. MonoSLAM 算法

Davison 提出，算法先通过获取环境中放置的已知尺寸的黑色正方形来求取初始摄像机姿态矩阵。系统在运行过程中，在估计当前摄像机位置的同时，对新观察到的特征点进行三维重建，以恢复其在世界坐标系下的位置，并供后续位姿估计过程使用。该方法的优点是可以根据主动重建得到的特征点，将用户的视野范围拓展到未知空间，很大程度上提高了系统的可用性。然而，该算法也存在一些缺陷。它采用扩展卡尔曼滤波（extended Kalman filter，EKF）技术，将摄像机位姿和特征点三维位置相结合合作为状态变量 $\hat{x}$：

$$\hat{x} = \begin{pmatrix} \hat{x}_v \\ \hat{y}_1 \\ \hat{y}_2 \\ \vdots \end{pmatrix}, \quad P = \begin{bmatrix} P_{xx} & P_{xy1} & P_{xy2} & \cdots \\ P_{y1x} & P_{y1y1} & P_{y1y2} & \cdots \\ P_{y2x} & P_{y2y1} & P_{y2y2} & \cdots \\ \vdots & \vdots & \vdots & \vdots \end{bmatrix} \tag{5-45}$$

式中：$\hat{x}_v$ 代表摄像机的运动状态；$\hat{y}_1$，$\hat{y}_2$，$\cdots$ 为空间环境中待构建特征点的世界坐标；P 为协方差矩阵。

待构建特征点数的增加，将导致系统协方差矩阵计算的时间开销增大。因此，为保证系统的实时性，重建特征点的数目将受到严格限制。且该方法未采用"集束调整"等误差抑制策略，系统的重建误差将会随着时间的推移发生误差积累，从而导致跟踪定位失败。

Davison 设计了一种基于粒子滤波与主动重建技术相结合的虚实配准方法。该方法采用粒子滤波技术对摄像机运动过程建模，以每一个粒子代表一种摄像机的可能位姿，以归一化互相关算法为基础，计算每个粒子的权值，以所有粒子的加权和作为系统输出。这种方法的缺点是需要大量的粒子才能精确地模拟摄像机的位置和姿态。粒子数量越多，系统的运行速度越慢。因此，使用者需要在运行速度和注册精度（粒子数量）两个方面进行折中。同时，该方法仍然没有解决误差积累的问题，因而并不适于实际的增强现实应用。

2007 年，Klein 等在 Davison 的工作基础上提出了并行的跟踪定位与地图创建（parallel tracking and mapping，PTAM）算法，并将其应用于小范围的增强现实系统中，引起了广泛的关注。该算法将摄像机定位与地图创建过程拆分为两个独立的过程，并行运算。利用计算机的双核处理能力，一个线程用于鲁棒地跟踪定位摄像头的姿态，另一个线程用于创建摄像头捕获的视频场景内的特征点地图。

2. PTAM 算法

与 Davison 的 EKF 框架下的 MonoSLAM 以及 Montemerlo 粒子滤波框架下的 FastSLAM 2.0 算法不同，Klein 提出的 PTAM 算法具有如下特点：

第一，将定位与地图的创建分为两个独立的模块并行运行。定位算法将不再受地图创建方面的约束限制，从而可以采用更加鲁棒的跟踪算法，如由粗到细的跟踪算法。此外，由于定位和地图创建分为独立的线程，算法可充分利用计算机的并行处理能力，采用计算量较大的局部集束调整算法构建地图。

第二，地图初始化采用的是双目立体匹配算法，系统创建的地图中的特征点数可达上千个。

简单地讲，PTAM 就是将 SLAM 分为跟踪和制图两个独立线程。跟踪的任务是在给定的地图中估计摄像机的位置，制图的任务是利用跟踪获得的摄像机位置将图像上的特征点三角化得到其空间坐标，同时利用集束调整对地图进行整体优化，进而得到空间点和摄像机位置的最优估计。定位和地图创建的流程如图 5-15 所示。

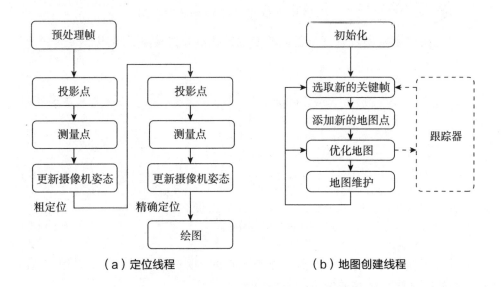

（a）定位线程　　　　　　　（b）地图创建线程

图 5-15　PTAM 算法的定位和地图创建流程

（1）跟踪定位。系统使用 Fire-i 摄像头获取每秒 30 帧 640×480 像素的灰度图像，在获取的灰度图像上采用降采样方法生成 4 层图像金字塔。在每层金字塔图像上利用 FAST-10 快速提点算法获得大量的特征点，从而避免对图像做较耗时的高斯差分滤波，以提高系统的实时性。根据减速摄像机模型，估计当前帧摄像机的姿态信息。其具体算法步骤如下：

①根据摄像机运动模型获得前一帧摄像机的姿态信息。

②根据当前帧的摄像机姿态，选择地图中的 50 个点投影至图像坐标系。

③在当前帧图像上搜索与之匹配的特征点集合。

④根据 2D/3D 对应关系，计算出摄像机的姿态信息进行更新。

⑤将 1 000 个地图中的点利用更新的摄像机姿态再次投影至图像坐标系中，并建立其与当前帧图像中的特征点匹配集合。

⑥重新建立 2D/3D 对应关系，进一步精确估计摄像机的姿态信息。

将地图上的点投影至图像坐标系，用 (u_i, v_i) 表示构建地图点的图像坐标，用 p_{iw} 表示其三维空间坐标，则可建立如下方程：

$$\begin{pmatrix} u_i \\ v_i \end{pmatrix} = \text{Camproj}(E_{\text{cw}} p_{\text{iw}}) \qquad (5-44)$$

式中：E_{cw} 为世界坐标系至摄像机坐标系的变换矩阵 $[\boldsymbol{R} \quad \boldsymbol{T}]$。

摄像机模型采用具有桶型径向畸变的针孔摄像机模型，可表示为

$$\text{Camproj} = \begin{pmatrix} x \\ y \\ z \\ 1 \end{pmatrix} \qquad (5-45)$$

$$r = \sqrt{\frac{x^2 + y^2}{z^2}} \qquad (5-46)$$

$$r' = \frac{1}{\omega} \arctan\left(2r \tan \frac{\omega}{2}\right) \qquad (5-47)$$

建立了图像 2D 特征点与其三维空间点的 3D 对应关系后，则采用 Tukey M-中值估计算法更新地图点的投影误差

$$u' = \text{argmin} \sum_{j \in s} \text{obj}\left(\frac{|e_j|}{\sigma_j}, \sigma_T\right) \qquad (5-48)$$

式中：e_j 表示重投影误差。其具体表达式如下：

$$e_j = \begin{pmatrix} \hat{u}_j \\ \hat{v}_j \end{pmatrix} - \text{Camproj}(\exp(\mu) E_{\text{cw}} P_j) \qquad (5-49)$$

式中：$\exp(\mu)$ 为摄像机姿态的指数地图表示法。

（2）地图创建。地图创建过程可分为两个阶段：地图初始化阶段和地图扩展阶段。在地图初始化阶段，将摄像机对准工作场景拍摄一帧关键帧图像，利用 FAST 算法提取该图像的 1 000 个特征点。平移摄像机到另外一个视角，拍摄第二帧关键帧图像。建立两帧图像间的特征点匹配，采用五点算法估计本质矩阵 $\boldsymbol{E}$，并利用三角化法获得初始地图。

在地图扩展阶段，随着摄像机的运动，算法动态地选择新的关键帧和特征点，更新构建的地图。关键帧的选择需满足一定的约束条件。为了使当前帧估计的摄像机姿态信息更为准确，当前帧距离上一关键帧间的间隔要大于

20 帧，且摄像机要距地图上的点有一定的运动。一旦确定了当前帧是需要加入的新关键帧，则选择距当前帧位置距离最近的一关键帧作为另一帧图像构建双目立体视觉匹配，估算相应图像特征的三维点位置。地图构建流程如图 5-16 所示。

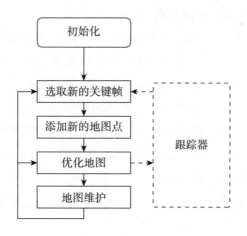

图 5-16　地图构建流程

（3）实验结果。为了验证系统的工作性能，Klein 等分别利用从真实场景中采集的视频数据以及计算机合成的数据，对算法进行了跟踪定位和地图创建方面的测试。计算机的配置为 Intel 双核 2.66 GHz 处理器、NAVIDA 显卡和 Linux 操作系统。

Klein 等提出的 PTAM 算法可构建较为稠密的地图，可达 6 600 个地标点。EKF-SLAM 算法构建地图的地标较稀疏，为 114 个。与基准数据的比较也表明，该算法的摄像机跟踪定位精度和稳定性都较 EKF-SLAM 具有更强的鲁棒性。

5.2.6　混合跟踪注册

前面详细讨论了基于视觉的注册跟踪算法，下面进一步总结视觉注册算法的优缺点。视觉跟踪的优势表现在以下三方面：

第一，只对感兴趣的物体进行跟踪注册，而不需要额外放置发射器、接收器。

第二，跟踪精度与被跟踪物体的成像分辨率成正比。

第三，能够最小化系统注册误差。

但是，基于视觉的跟踪注册算法也有其局限性，主要表现在以下三方面：

第一，通常 CCD 的采样频率为 30 Hz。因此，视觉跟踪系统适用于低频位姿变化的测量。一旦用户或被跟踪物体发生快速、突然地运动，则采用视觉跟踪的增强现实系统注册误差将增大。

第二，图像处理、识别的计算量较大，系统鲁棒性较差，周围环境和用户的运动范围受限制。大多数基于视觉的注册算法均采用最小化迭代的方式取得全局最优。虽然利用线性方法求解方程能够获得唯一的解，但这是以提取大量标识点或图像信息为代价的。图像的识别与匹配是一个十分耗时的过程，一旦标识点或特征信息因为遮挡、模糊或从摄像机的视野中消失，基于视觉的算法就会产生严重的注册误差，甚至导致算法失效。在这种情况下，摄像机的连续实时跟踪将无法实现。

第三，受环境光照的影响较大。环境光照强度改变将影响到标识点或图像的特征提取，造成较大的注册偏差。

硬件跟踪设备则不存在以上问题，硬件跟踪器具有较强的鲁棒性和实时性。对于一般的惯性传感器而言，其采样频率可达到 1 kHz，因此特别适用于感知运动物体的快速位姿变化。但是，硬件跟踪设备存在测量精度较低的缺点。Durlach 等曾得出结论，由于系统的不精确性和系统延时方面的限制，目前单一的跟踪技术不可能很好地解决增强现实应用系统的方位跟踪问题。为此，国外著名大学和研究机构的研究人员相继提出采用混合跟踪（hybrid tracking）的方法对增强现实系统进行三维跟踪注册。所谓混合跟踪，是指采用不同种类的跟踪设备，取长补短，共同完成增强现实系统的注册任务。目前，常用的硬件跟踪设备包括机电跟踪器、电磁跟踪器、光电跟踪器、惯性跟踪器、超声波跟踪器、陀螺仪、GPS 等。

1999 年，Azuma 等提出将视觉跟踪与其他跟踪方法相结合，以克服室外视觉跟踪缺陷的新思路，这使混合跟踪成为近些年来增强现实的一个重要研究方向。混合跟踪是利用多传感器融合技术将来自不同类型跟踪器的输出姿态数据进行合并或融合的头部姿态跟踪方法。经过组合或者融合后的混合跟踪系统能够分享不同类别跟踪器的优点，在输出特性上达到优势互补。例如，在视觉跟踪与非视觉跟踪的混合跟踪中，视觉跟踪具有跟踪精度高、鲁棒性差的特点，适合于低频运动跟踪；非视觉跟踪器具有鲁棒性好、精度低的特点，适合高频运动的跟踪。因此，将两者结合可以获得较为满意的跟踪效果。

1. 根据传感器类型分类

按照跟踪器类型的不同，混合跟踪的跟踪器大致分为惯性－超声波混合、惯性－ GPS、GPS －罗盘混合、惯性－罗盘混合、视觉－ GPS 混合、视觉－电磁混合、视觉－惯性混合等类型的跟踪器。其中，视觉－惯性混合跟踪器集成了视觉跟踪器精度高和惯性跟踪器高频工作鲁棒性好的优点，被广泛应用于机器人跟踪、运动与结构恢复、室内与室外增强现实系统等。IO 光学跟踪器和 OI 光学跟踪器的混合跟踪则兼具了 IO 跟踪器方向精度高和 OI 跟踪器位置精度高的优点，在室内增强现实系统中也得到了广泛应用。

（1）多硬件传感器混合跟踪注册。1994 年，Azuma 等开发的六自由度方位跟踪器由线性加速度器和陀螺仪构成，增加了预估头部位置的准确性。1998 年，Emura 等采用电磁跟踪器与陀螺仪相结合的方法进行运动跟踪，利用陀螺仪补偿了电磁跟踪器测量的时间延时。2000 年，荷兰代夫特大学的研究小组利用 GPS、惯性跟踪器、陀螺仪等几种不同的方位跟踪设备完成了户外增强现实系统的三维注册跟踪任务。该混合跟踪设备的跟踪精度较高（旋转角度误差为 1°，平移误差为 1 mm），然而设备体积较大，造价高昂。同年，Yokokohji 研究小组开发出了由 6 个加速度仪构成的方位跟踪设备，用以预测用户头部的运动，从而补偿了系统延时造成的动态注册误差。

电磁式传感器是增强现实领域中运用较为广泛的一种位置姿态测量装置。电磁式传感器是利用电磁感应原理，将输入的运动速度转化成线圈中的感应电势输出，并通过线圈电流的大小来计算交互设备与人造磁场中心点的距离与方向，同时，它还可通过地球磁场来判断设备的运动方位，但易受周围磁场环境的干扰，注册精度不足且使用范围受限。上海大学的陈一民等提出了基于 T-S 模糊系统的 BP 神经网络和最小二乘支持向量机相融合的方法对电磁传感器的注册精度进行校正，该方法在一定程度上提高了注册精度。

（2）视觉－惯性混合跟踪注册。1999 年，USC 集成媒体系统中心的 You 等使用惯性陀螺仪，通过提供给视频摄像机相邻帧之间的相对方向提高了视觉系统的计算效率和鲁棒性，并使用视觉跟踪器校正了惯性跟踪器的累积漂浮。2000 年，日本奈良科技大学的 Kanbara 等提出了一种立体摄像机和惯性跟踪器构成的鲁棒跟踪方法。2001 年，日本 Canon 公司混合现实系统实验室的 Satoh 等建立了一个室外便携式 AR 系统，此系统使用陀螺仪测量头部的三自由度方向，使用头盔上的摄像机跟踪室外的自然特征。2004 年，USC 的 Jiang 建立了一个陀螺仪与基于线特征的视觉混合跟踪的室外 AR 系统。Satoh 等提出了一种使用陀螺仪和俯视（birds eye）摄像机的新型跟踪方法。日本大阪大学的 Maeda 等建立了一个可携带的 AR 系统。2002 年，奥地利格拉茨大学的 Lang 等开发了一个轻量级便携式惯性 - 视觉跟踪系统。2003 年，瑞典皇家技术学院的 Rehbinder 等使用一个速率陀螺仪和一个基于线特征的视觉跟踪器估计了头部姿态。2005 年，维也纳技术大学的 Gemeiner 等使用惯性 - 视觉传感器估计了头部姿态运动和恢复目标结构。葡萄牙科英布拉大学的系统与机器人学院在移动机器人研究中一直使用惯性 - 视觉混合跟踪技术。其他研究人员，如 Klein 等在各自的研究应用中也使用了视觉 - 惯性混合跟踪技术。2006 年，剑桥大学的 Reitmayr 等利用视觉以及混合重力、惯性、GPS 等传感器在手持设备上开发了一套鲁棒的基于模型跟踪的户外增强现实系统 Going Out。Waechter 等于 2010 年提出的系统中包含了一个进行位置跟踪的摄像机和一个绑定了标志板的 IMU，该系统可以实现移动目标的位置跟踪，并且可以在短时遮挡中对目标进行继续跟踪。

最近研究视觉 - 惯性混合跟踪比较典型的项目是欧洲的 MATRIS，该项目的研究目标是为增强演播室、文化遗产保护等增强现实系统等开发一个实时测量摄像机运动的跟踪系统。

（3）IO-OI 光学混合跟踪。IO-OI 光学混合跟踪器也称为 inside-outside-in 跟踪器。1998 年，Hoff 在其所开发的医学增强现实系统中将一个 IO 跟踪器和一个 OI 跟踪器的姿态数据进行了融合。2003 年，Satoh 等将一个普通摄像机作为 IO 跟踪器、一个俯视摄像机作为 OI 跟踪器用于头部跟踪。2004 年，InterSense 公司的 Foxlin 等提出将 inside-outside-in 跟踪模式用于飞行模拟器的 FlightTracker 座舱头部跟踪系统。剑桥大学的 Klein 等将一个以 LED 为跟踪目标的 OI 跟踪器与一个以边缘线为跟踪目标的 IO 跟踪器进行融合，并成功应用于桌面 AR 系统。Yamazoe 等在多人运动跟踪系统中融合了固定在环境中的摄像机和固定在 HMD 上的摄像机的观察信息。

2. 根据传感器融合方式分类

1997 年，Brooks 等将用于定位跟踪的传感器融合分为三类：互补式传感器融合、竞争式传感器融合以及协作式传感器融合。传感器融合在增强现实混合跟踪技术中的应用策略也可分为这三类。

（1）互补式传感器融合。如果多个传感器相互独立而且输出状态估计为不同类型，则所使用的传感器融合称为互补式传感器融合。互补式传感器融合组合了多个传感器的输出数据，可以得到更完整的系统状态估计。例如，Feiner 等使用磁力计测量头部偏航角，用双轴倾斜计测量头部俯仰角和滚转角，用 GPS 测量头部位置，从而获得了完整的六自由度姿态。Foxlin 等使用 InterSense IS-300 惯性跟踪器测量方向，用 Pegasus FreeD 超声波跟踪器测量位置。另外一个比较典型的互补式传感器融合就是 Welch 等开发的 SCAAT 异步互补策略，其原理如下：在使用 EKF 进行融合时，针对每一个传感器建立一个测量模型和测量协方差矩阵，只要任何一个传感器的测量数据可用，就立即使用该传感器对应的测量变换矩阵和协方差矩阵进行预测和校正。南加利福尼亚大学的室外混合跟踪项目也使用了 SCAAT 互补式传感器融合策略。图 5-17 显示了这两种互补式传感器融合方法。

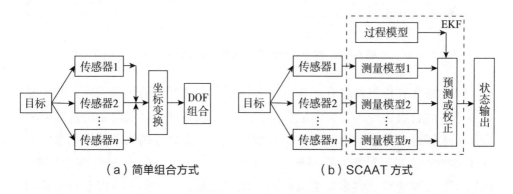

图 5-17　混合跟踪的互补式传感器融合示意图

（2）竞争式传感器融合。如果多个传感器能够在相同的空间坐标系中给出一个不同测量类型的状态估计，则所使用的传感器融合就被称为竞争式传感器融合，如图 5-18 所示。在此融合方式下，必须考虑多个传感器引入的冗余，并且需要融合不同误差分布的传感器，以最小化测量误差。由于传感器的测量类型不同，竞争式融合主要使用卡尔曼滤波器或者扩展卡尔曼滤波器进行融合，以解决多个传感器不同测量类型的冲突问题。竞争式传感器融合是比较复杂但在增强现实中应用较广泛的融合方式，它的典型应用是视觉-惯性混合跟踪。在视觉-惯性混合跟踪器中，视觉跟踪器的 2D 图像特征点负责提供位置和方向信息，而惯性跟踪器负责提供速度/加速度、角速度/

角加速度等刚体运动参数。两者融合的核心思想是通过刚体运动学方程建立视觉跟踪器摄像机坐标系中的测量信息与惯性跟踪器惯性坐标系中的测量信息之间的函数变换关系，从而确定扩展卡尔曼滤波器的过程变换矩阵和测量变换矩阵的表达式。竞争式传感器融合的典型例子是欧洲的 MATRIS 项目，在该项目所开发的实时摄像机姿态跟踪算法中，使用四元数描述方向，建立了基于四元数的 EKF 融合框架，将视觉跟踪器的图像特征信息统一在惯性传感器的惯性坐标系下与惯性跟踪器的测量信息进行了融合。

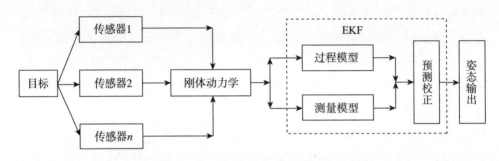

图 5-18　混合跟踪的竞争式传感器融合示意图

（3）协作式传感器融合。如果多个传感器存在紧密的耦合关系，则称这类传感器融合为协作式传感器融合。协作式传感器融合是最复杂的传感器融合。要求解这类传感融合问题，就必须获得各个传感器的物理属性信息，并寻求各个传感器测量参数在不同空间下的内在关系。例如，在三维重建中，使用计算机视觉算法将多个摄像机的图像信息耦合在一起，可以获得跟踪目标的立体信息。在无处不在的跟踪器系统研究项目中，Wagner 提出的空间关系聚合使用了协作式传感器融合，即如果知道物体 A 相对于 B 的相对关系，物体 B 相对于物体 C 的相对关系，就能够推导出 A 相对于 C 的空间相对关系。

5.2.7　无标识跟踪注册算法的未来研究方向

本章讨论了多种无标识点增强现实注册算法，尽管它们均在某一领域获得了应用，但也存在相应的局限性。随着增强现实技术以及其相关研究领域的研究进展，无标识点注册算法的发展方向可能集中在以下几方面。

1. 更加复杂、耗时的计算方法的引入

在当前的增强现实应用中，能够使用的算法都具有很高的处理速度，以保证系统的整体性能。然而，随着计算机处理速度的飞速提升，很多在增强现实早期研究中无法使用的算法逐渐得到了应用，这些算法大都具有良好的性能，但是需要进行大量的计算。可以预见，在不久的将来，还会有更多类似的算法被用于无标识点注册方法中。尽管近年来各种新的无标识点注册算法不断涌现，但是对图像处理和机器视觉领域的原有算法进行整理和改进依然是取得新的进展的一种重要手段。

2. 基于非标定摄像机的无标识注册算法

目前，已有的无标识点注册算法大多要求在使用之前对注册摄像机进行标定，以获得摄像机的径向失真参数和内部参数矩阵，并且要求摄像机的内部参数在整个注册过程中保持不变，这在一定程度上限制了无标识点注册算法的应用。使用变焦摄像机的难点主要在于变焦系统的摄像机模型难以确定，同时焦距的变化与沿着光轴方向的位置移动难以区分。近年来，随着运动结构重建理论的不断发展，未来有可能会在恢复场景结构的同时实现摄像机内外部参数在线标定的实时注册算法。

3. 高级特征在算法中的使用

出于处理速度与复杂度的考虑，目前已有的各种算法主要使用图像中的兴趣点或是角点作为识别和处理的基本元素。由于点特征本身具有的信息量有限，所以需要大量的点特征才能够满足注册计算的需求。与点特征相比较，直线、椭圆、多边形等高级特征携带更多的环境信息，可以保证跟踪注册算法具有较高的精度和鲁棒性。未来的研究可能集中在如何快速提取和识别这些高级特征方面，以保证能够快速、准确地得到这些高级特征的先验特征数据。

4. 主动视觉在跟踪注册算法中的应用

目前，增强现实系统中使用的跟踪摄像机一般都固定安装在头盔显示器上，并随着用户头部的运动而运动。在这种情况下，计算机无法预知下一时刻摄像机的运动情况，也就无法预测会有什么样的图像特征出现在图像中。机器人领域同样也使用摄像机充当机器人的"眼睛"，但是与增强现实系统不同的是，机器人的"眼睛"安装在一对伺服电动机上，可以通过计算机进行控制，主动搜索和寻找目标。如果将这种方法引入增强现实系统，注册摄像机就能够在一定程度上主动搜索环境中的特征，并且在用户移动头部的时候，保持始终"盯"着某一方向。这可以使系统获取图像特征不再是被动的，其适应环境的能力也将在很大程度上得到提高。但是，这种主动视觉的注册方式增加了系统的复杂程度和实现难度，也增加了系统误差出现的可能性。相信随着机器人技术的进一步发展和成熟，主动视觉在增强现实领域也会得到一定的应用。

第6章 移动增强现实系统关键技术

6.1 移动增强现实概述

移动增强现实（mobile augmented reality，MAR）就是将增强现实技术有效地应用于移动设备终端。早期的 AR 系统受限于硬件的发展，多选择 PC 作为系统运行平台，要求用户随身佩戴头盔显示器、摄像机、数据手套以及惯性跟踪器等跟踪定位装置和人机交互设备。该阶段的移动计算终端包括便携式计算机 Backpack（后背式计算机）、Tablet-PC 等。随着硬件技术的发展和软件算法的不断研发，小型移动设备（如 PDA 及智能手机）逐渐开始普及。

美国哥伦比亚大学研制的户外 AR 系统 "Touring Machine"、美国海军研究中心研制的战场增强现实系统 BARS（battlefield augmented reality system）以及南澳洲大学开发的 "Tinmith Project" 是移动增强现实系统的前期典型代表。"Touring Machine" 是目前第一套已知的户外移动增强现实系统，由可穿戴式计算机作为运行平台，采用磁力计、倾角计以及 GPS 实现用户头部的六自由度跟踪定位，在 HMD 上实现虚实场景的融合显示。系统单纯采用硬件跟踪设备实现用户的跟踪定位，因此其跟踪定位精度较低，位置误差可达数十米。BARS 的目的在于扩展单兵作战人员对环境的感知视野，提高其协同作战能力，该系统采用光学透视式 HMD 作为虚实场景融合显示设备，利用惯性陀螺传感器、数字罗盘以及差分 GPS 提供用户的位置和方向信息，并与基于模型的视觉跟踪定位数据进行融合，实现精确的六自由度方位跟踪定位。系统同样由可穿戴式计算机作为运行平台。BARS 的局限性在于系统初始化需要大量的人工干预。南澳洲大学在其一系列基于 Tinmith 框架的应用中（如 ARQuake 游戏和户外交互实验），同样采用视频透视式 HMD 作为显示设备，利用 GPS、电子罗盘和基于标识物的视觉检测相结合的方法实现了跟踪定位。由于采用了基于标识物的视觉检测方法，严重限制了系统的使用范围。上述移动增强现实系统的整体重量一般为 4 ～ 10 kg，在使用和操作上具有一定的局限性，且因成本高、易损坏以及难以维护等致命缺点，其目前还难以在实验室以外的环境中应用。

随着移动计算技术的发展，小型手持式移动设备，如平板电脑、智能手机的出现为移动增强现实系统的发展提供了崭新的途径。小型移动设备不但具有便携的特点，而且由于其内部嵌入了操作系统，具有较强的计算和处理能力；同时配备了触摸屏，能够方便地进行人机交互。目前，大多数主流移动设备都内置了百万甚至千万像素级的 CCD/CMOS 摄像头，内置了与通信基站协同工作的 GPS 定位设备，同时集成了 Wi-Fi、红外通信接口技术以及蓝牙无线接口等高速无线通信网络设备。选择小型移动设备作为增强现实技术的新载体，将其与增强现实技术相结合，能够使增强现实系统脱离体积庞大的普通 PC、摄像设备、头盔显示器等的限制。此外，小型移动设备能够支持多用户同时获得、查看增强信息，对所获得的增强信息或场景能够进行静态处理（如放大、缩小操作），还能通过无线网络与远程服务器连接，方便地下载和更新软件。这些都为系统的维护和更新提供了较大的灵活性。而将增强现实技术应用于小型移动设备也将扩展产品的现有功能，使其更具实用性和娱乐性。因此，基于手持式移动终端的增强现实系统在某些特别要求便携和人机交互的应用领域，如古迹数字重现、城市漫游、室内导览、危险预警与疏散、市政规划、电子商务等方面，比基于头盔显示器的增强现实系统更具优势。

6.2　移动增强现实中的摄像机跟踪

移动终端的增强现实应用主要靠摄像机获取场景信息，通过对场景信息进行分析，求解摄像机的位姿。一般而言，跟踪可以分为两类：基于检测的跟踪和基于跟踪的跟踪。在前者的技术应用中，使用检测技术，把每一个输入的帧和模板帧进行匹配处理，计算出当前摄像机的位姿；后者则通过计算当前输入帧和前一帧的关系来获取当前摄像机的位姿。很多求解方法都通过求解前后多个连续帧的摄像机位姿来计算当前摄像机的空间位置，在优化过程中，前一帧被当作模板帧进行估算处理。通过连续帧获取的摄像机位姿参数对增强现实的可视化显示效果起着非常关键的作用。

6.2.1　摄像机跟踪框架

摄像机在场景中平滑移动，获取一个在桌面上的装配场景视频。对输入的视频进行分析，选取关键帧，然后提取特征点，对相邻帧的对应特征点进行光流跟踪和匹配计算，就可以求解摄像机的投影矩阵参数，利用场景点云，获取三维点二维特征点对应关系，进行局部集束优化，对重投影误差进行最小化求解，从而计算摄像机的精确位姿，实现对摄像机的跟踪。最后，利用获取的跟踪位姿参数，在装配场景中绘制虚拟模型，就可以进入增强现实应用阶段。

1. 关键帧选择

关键帧技术与特征点技术类似，以少数具有代表性的局部元素集对整体进行描述，在连续的视频帧中，选取少量的具有代表性的图像帧形成主干骨架集，使其仍然能够包含整个图像数据信息。这种方法可以减少数据冗余，在计算机视觉领域被广泛应用于挖掘图像的稀疏性能。在场景点云处理阶段，通过 SFM 方法恢复场景的二维点云，此时的关键帧选择要以提高场景的重构精确度为目标。在三维跟踪阶段，不仅要利用关键帧之间的匹配对特征点进行跟踪和匹配，还要获取当前帧和场景的二维—三维对应点对，在这个阶段，快速识别目标，在实时输入的相似图像序列里自动选择最优关键帧就变得非常重要。在实时三维跟踪阶段，关键帧主要为匹配跟踪提供参考信息，完成摄像机的跟踪和定位。

摄像机在未知场景中移动，并拍摄序列视频，如果两帧之间的距离和角度相差很小，那么它们之间就会产生很多重复的信息，这些信息对于求解摄像机参数和场景结构来说是冗余的。要实现单向实时摄像机跟踪，并不需要对每一帧都进行摄像机参数求解，而只需有效地选取关键帧，并利用相邻关键帧之间的时间和几何连续性。新关键帧的标准如下：①新关键帧与原有的关键帧至少相隔 10 帧，以减少数据冗余，避免对摄像机在同一个位置上获取的图像进行重复计算；②新加入的关键帧与上一关键帧有部分重叠，以保证能够提取足够的数据特征点；③新关键帧与上一关键帧的对应特征点的偏移量要控制在光流计算的范围之内。

2. 特征点检测和描述

虽然 SIFT、SURF 特征检测方法具有可靠性高的优点，但其算法的高时性对很多设备来说都是一个制约。我们一般使用 EAST 算法对图像进行特征点检测。

检测到图像特征点之后，跟踪阶段并不需要对特征点进行描述，利用光流约束对这些点进行跟踪即可，但在恢复关键帧阶段，则需要选择合适的描述符对特征点进行表示。在选择描述符时，不仅要求场景特征点具有尺度和旋转不变性，还要考虑描述符占用的空间和后续的匹配问题，为此我们选择 SURF 作为特征点描述算法。该算子充分利用了 Haar 小波响应和积分图像，使特征描述符不仅具有尺度和旋转不变性，对光照的变化也具有不变性。同时，SURF 算法描述符为 64 维向量，相对于 128 维的 SIFT 算法描述符向量，其维度减少了一半，减少了描述符占用的内存，也节省了后续特征向量匹配算法的比较时间。

3. 场景管理

场景管理包括对点云、关键帧、关键帧上的特征点以及它们之间关系的管理。

场景以稀疏点云表示为 $P = \{p_0, p_1, p_2, \cdots, p_n\}$，其中包含 n 个三维点 $p_i = \{x_i, y_i, z_i\}$，以世界坐标表示。

关键帧涉及的信息包括以下几项：每个关键帧与相邻帧的配准关系；相对摄像机参数；从世界坐标到每个关键帧的投影矩阵；由关键帧中提取的特征点；三角化计算生成的二维—三维对应点列表。不是所有的特征点在整个视频帧里都被跟踪和匹配。每个关键帧将采用 FAST 检测算法提取特征点，再利用相邻关键帧图像之间的约束，求解关键帧的二维—三维特征点配准关系，最后通过三角化算法计算它们在世界坐标系中的坐标。

6.2.2　基于稀疏光流的摄像机姿态估计

在对摄像机的跟踪过程中，需要计算输入的关键帧（以当前帧表示）的投影矩阵。由于之前的关键帧已经求解出摄像机的投影矩阵，可以通过建立特征点对应的方法求解当前帧的姿态。为此，需要对当前帧和之前关键帧之间的对应特征点进行跟踪。

对于视频序列，通常要对相邻的图像帧进行这样的处理：提取特征点，计算特征点的描述算子，然后进行匹配，并利用极线几何原理和采用 RANSAC 方法剔除外点，求解图像帧之间的约束关系，这个关系由一个 3×3 的基础矩阵描述（如果已知摄像机内参数，基础矩阵就由本质矩阵代替）。虽然图像特征的各种计算算法已经取得很大的发展，但在实时应用上总有很多的限制，尤其是相互匹配阶段耗时很多，这也是系统实时应用的瓶颈。

为此，本节首先采用光流预测的方法预测标识点的图像坐标位置，而后采用局部搜索的方法确定标识点在新的图像中的位置，以减少对整幅图像进行处理识别的时间，加快搜索速度，提高算法的实时性。

1. 光流约束方程

为了找到关键帧之间的约束，经常采用特征匹配的方法，但特征匹配时不能有效利用连续关键帧之间的约束关系，很难提高系统效率。摄像机在场景中移动时，获取的图像也会发生变化，在图像上观察到的表面的模式运动就是所谓的光流场。传统的光流计算是对图像中的每一个像素进行计算，这种计算简称为稠密光流计算，需要耗费大量的时间和内存。在实际应用中，为了满足特征点的实时跟踪要求，并不需要对图像像素进行逐一的计算。由于摄像机在场景中的移动是平滑的，相邻图像帧之间一些具有明显特征的像素发生的变化不大，因此可以对这些像素点进行跟踪，并以此建立相邻帧之间的摄像机位姿的对应和约束关系。

设 $I(x, y, t)$ 是图像点 (x, y) 在时刻 t 的灰度值，如果 $u(x, y)$ 和 $v(x, y)$ 是该点光流的 x 和 y 分量，假定点在 $t + \delta t$ 时运动到 $(x + \delta x, y + \delta y)$，灰度值保持不变，其中 $\delta x = u \delta t, \delta y = v \delta t$，即

$$I(x + u \delta t, y + v \delta t, t + \delta t) = I(x, y, t) \tag{6-1}$$

2. 光流预测

我们采用 FAST 方法提取图像帧的特征点。对于新加入的关键帧以及与它相邻的关键帧，新加入的关键帧在这里简称为当前帧，其相邻的关键帧为目标帧，两个图像之间有一个很小的旋转变化。这些特征点反映一些场景纹理变化较大的区域，对于在同一个场景不同角度拍摄得到的图像，如果拍摄角度变化很小，那么这些特征点在不同图像中的位置变动也不大。从这些图像中提取的特征点的位置、地址在理论上是相同的，或者说差别不大。

采用 FAST 算法所提取出的具有明显纹理的特征点只有其位置和斑点响应值信息，接下来要采用稀疏光流法对提取的特征点进行跟踪。该算法对每个特征点邻域图像块之间的相似度进行估计，对这些相似的特征点进行跟踪，在图像块内发生较小位移时，能获取较高的匹配精度，耗时也较少。

通常摄像机沿着一条连续平滑的轨迹移动，而在实际情况中，大多数的应用并不符合这一假设，尺度大而不连续的运动非常常见。关键帧的姿态不连贯，就可能导致场景中像素发生较大的变化，因此上述稀疏光流算法在实际跟踪中的效果不佳。为了提高算法鲁棒性，应在特征点周围使用大的窗口来捕获这些大运动，但大窗口往往会违背光流法运动连贯的假设，为此采用图像金字塔法来解决这个问题。具体做法如下：从图像金字塔的最高层开始计算光流，这时分辨率较小，所需计算量也小。然后，将该层计算结果作为下一层计算的起始值，重复这个过程直到金字塔的最底层，也就是图像分辨率最大的图像空间。图 6-1 为一个多尺度的光流计算示意图，这种由粗糙到精细的策略将不满足连续缓慢运动假设的可能性降到最小，从而可实现对更快和尺度更大的关键帧的跟踪。

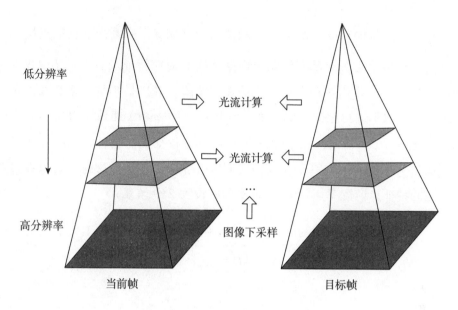

低分辨率

光流计算

光流计算

...

图像下采样

高分辨率

当前帧　　　　　　　目标帧

图 6-1　多尺度的光流计算示意图

多尺度光流算法为了提高求解特征点位置的效率，会先预估下一帧特征点出现的位置，并以该预测位置为圆心，构造一个圆形搜索区域，落在该区域之内的特征点被认为是匹配候选点。这样做的优点是可以省掉对特征点的描述计算，同时使用由粗糙到精细的策略可以缓解对计算内存的大量需求，还可以缩小特征点匹配的搜索范围。

3. 自适应近邻搜索

由于光照、遮挡或者噪声等因素的影响，有些特征在某一帧图像中能提取，在另外一帧中却不能检测；有些场景有很多重复结构，如楼梯、窗户等，从这些重复结构中提取的特征点有可能靠得很近，这也会影响特征的匹配。而上述的各种因素都会导致误匹配现象的发生。为了解决误匹配问题，我们通常采用自适应的近邻搜索方法，通过对比次紧邻和最近紧邻距离，找到最佳的匹配。

如图 6-2 所示，假设一个特征点 D_D 是空间点 X 在第 t 帧的投影，跟踪到第 $t+1$ 帧，图 6-2 所示的虚线圆圈为第 $t+1$ 帧的局部特征分布情况。D_D 经过光流的预测估算，移动微小距离 $(\delta x, \delta y)$，到达圆心位置 D_D'。以阈值 τ 为半径的圆圈外，有特征点D_G，D_G因不在阈值内而被剔除。圆圈内有特征点D_E和特征点D_F，这两个特征点都有可能和特征点D_D是对应特征点。为了从中找到正确的匹配，这里使用一种自适应式的匹配策略，利用最小特征距离与次小特征距离的比值来进行检验，如果比值小于某一个阈值τ（此处设为 0.7），则判断为匹配成功，从而认为$D_D \leftrightarrow D_E$是一对对应特征点。这种方法的效率相比固定阈值有了很大的提升，在图像尺度以及光照变化大的区域，可以保证获取稳定的特征点匹配率。阈值 τ 在实验中设为 2 个像素。

$$\tau = \frac{d_1}{d_2} = \frac{\left\| D_D^{'} - D_E \right\|}{\left\| D_D^{'} - D_F \right\|} \tag{6-2}$$

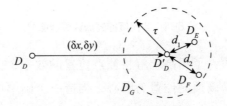

图 6-2　自适应近似搜索

4. 摄像机位姿方程

用 6 个参数来表达每一帧的摄像机位姿：位姿参数$\boldsymbol{R} = \begin{bmatrix} R_x & R_y & R_z \end{bmatrix}$，位置参数$\boldsymbol{t} = \begin{bmatrix} t_x & t_y & t_z \end{bmatrix}^{\mathrm{T}}$。三维点$\boldsymbol{X}$和它们对应的投影二维点$\boldsymbol{m}$的关系为

$$\boldsymbol{m} = \pi(\boldsymbol{K}(\boldsymbol{R}, \boldsymbol{t})\overline{\boldsymbol{X}}) \tag{6-3}$$

式中：$\boldsymbol{K}$为3×3标定矩阵；$\overline{\boldsymbol{X}} = \begin{bmatrix} \boldsymbol{X} & 1 \end{bmatrix}^{\mathrm{T}}$为已知的三维点的齐次坐标；$\boldsymbol{R}$为由三个绕坐标轴的旋转$R_x$，$R_y$和$R_z$组成的参数。

本节采用的是单目摄像机，焦距基本不变，为了简化计算，事先标定好摄像机。

摄像机经过标定后，位姿参数可以写成

$$\boldsymbol{P} = \boldsymbol{K}(\boldsymbol{R}, \boldsymbol{t}) = \begin{bmatrix} p_{00} & p_{01} & p_{02} & p_{03} \\ p_{10} & p_{11} & p_{12} & p_{13} \\ p_{20} & p_{21} & p_{22} & p_{23} \end{bmatrix} \tag{6-4}$$

得到当前帧和目标帧的对应特征点之后，可以利用极线几何原理计算基础矩阵，再利用五点算法获取当前帧的基础矩阵 $\boldsymbol{F}$，然后再采用 RANSAC 方法剔除外点，只有一些灰度信息超出一定阈值的特征点被保留下来。为了不失一般性，一般假设目标帧的观察坐标系为参考坐标系，投影矩阵为 $\boldsymbol{P}_{\text{object}} = (\text{I}, 0)$，可以得到当前帧的投影矩阵为

$$\boldsymbol{P}_{\text{current}} = \left(\boldsymbol{e}_{12} \times \boldsymbol{F}_{12}, \boldsymbol{e}_{12} \right) \tag{6-5}$$

得到当前帧的投影矩阵后，就可以利用此矩阵参数渲染虚拟模型，获得增强现实虚实融合的视觉显示效果，但光流的跟踪效果经常会受到光照等的影响，导致计算出来的投影矩阵不够精准。因此，还要利用构建好的场景点云进行进一步的处理。

场景点和图像帧上的特征点的关系，由式（6-3）转换成一组线性方程组：

$$\begin{cases} u_i = \dfrac{p_{00} x_i + p_{01} y_i + p_{02} z_i + p_{03}}{p_{20} x_i + p_{21} y_i + p_{22} z_i + p_{23}} \\ v_i = \dfrac{p_{10} x_i + p_{11} y_i + p_{12} z_i + p_{13}}{p_{20} x_i + p_{21} y_i + p_{22} z_i + p_{23}} \end{cases} \tag{6-6}$$

式中：$\boldsymbol{m}_i = \begin{bmatrix} u_i & v_i \end{bmatrix}^{\mathrm{T}}$ 为观测到的二维特征位置；$\boldsymbol{X}_i$ 为已知的三维点的位置，$\boldsymbol{X}_i = [x_i, y_i, z_i]^{\mathrm{T}}$；$p_{ij}(i = 0, 1, 2; j = 0, 1, 2, 3)$ 为摄像机位姿矩阵中的未知量。

每一对三维—二维对应点可以形成两个方程，要计算投影矩阵中 12 个或 11 个未知量，至少要知道三维和二维位置间的 6 个对应点。

式（6-6）也可以写成：

$$
\begin{bmatrix}
& & & & \vdots & & & & & & & \\
x_i & y_i & z_i & 1 & 0 & 0 & 0 & 0 & -u_ix_i & -u_iy_i & -u_iz_i & -u_i \\
0 & 0 & 0 & 0 & x_i & y_i & z_i & 1 & -v_ix_i & -v_iy_i & -v_ix_i & -v_i \\
& & & & \vdots & & & & & & &
\end{bmatrix}
\begin{bmatrix}
P_{00} \\ P_{01} \\ P_{02} \\ P_{03} \\ P_{10} \\ P_{11} \\ P_{12} \\ P_{13} \\ P_{20} \\ P_{21} \\ P_{22} \\ P_{23}
\end{bmatrix}
= O_{2n\times1}
$$

（6-7）

如果三维与二维的对应点超过 6 个或者更多，位姿求解就变成了数值分析中的定位问题。为了降低噪声影响，更精确的摄像机位姿参数可通过非线性最小二乘法求得，该方法的数学模型是要最小化特征点的预测投影位置与实际检测位置之间的欧几里得距离误差，也就是最小化重投影误差：

$$
{}_c^w\boldsymbol{P}_{\text{current}} = \arg\min \sum_{i=0}^{N}\left\|\pi\left({}_c^w\boldsymbol{P}_i, \boldsymbol{X}_i\right)-\boldsymbol{m}_i\right\|^2
$$

（6-8）

式中：$\pi(\cdot)$ 为摄像机的投影函数，即返回空间中三维点 $\boldsymbol{X}_i$ 在摄像机成像面上的预测投影位置；$\boldsymbol{m}_i$ 为特征点在图像中的投影位置。

在给定初始解的情况下，式（6-8）的精确解可通过列文伯格·马夸尔特（Levenberg-Marquardt）算法（L-M 算法）迭代求解。

当前帧和前两个关键帧组成一个关键帧组，关键帧如果相隔较远，相互之间包含的信息量将大幅度下降，相互的对应特征点将变少。因此，为了提高跟踪效率，在进行重投影误差最小化计算时，只对与当前帧有密切关系的关键帧族进行重投影误差计算，即缩小式（6-8）的运算规模，可表示为

$$
{}_c^w\boldsymbol{P}_{\text{current}} = \arg\min \sum_{i=0}^{\text{keyframebundle\_num}}\left\|\pi\left({}_c^w\boldsymbol{P}_i, \boldsymbol{X}_i\right)-\boldsymbol{m}_i\right\|^2
$$

（6-9）

式中：keyframebundle-num 为当前关键帧族中的图像帧数量。

6.2.3　基于语义 SLAM 的摄像头跟踪优化

即时定位与地图构建（simultaneous localization and mapping., SLAM）早期应用于军事潜艇定位，近几年广泛应用于机器人导航、无人驾驶、增强现实和虚拟现实设备的空间定位。针对所使用的传感器不同，目前常用的 SLAM 算法主要是基于激光雷达和摄像的，而摄像头可分为单目摄像头、多目摄像头、深度摄像头、TOF 摄像头等。近年来，SLAM 开始在增强现实领域发挥作用。以微软的 HoloLens 为代表的 MR 头显就率先应用了基于 SLAM 的三维注册技术，其整合了深度摄像头、RGH 摄像头、红外传感器等，能自主构建所处场域的三维地图，提高了增强现实三维注册的准确性和鲁棒性。SLAM 算法的数学模型为

$$\begin{cases} \boldsymbol{X}_k = f\left(\boldsymbol{x}_{k-1}, \boldsymbol{u}_k, \boldsymbol{w}_k\right) \\ \boldsymbol{D}_{k,\,j} = h\left(\boldsymbol{y}_j, \boldsymbol{X}_k, \boldsymbol{V}_{k,j}\right) \end{cases} \tag{6-10}$$

式中：$\boldsymbol{u}_k$ 为运动传感器的输入；$\boldsymbol{w}_k$ 为噪声；f 为激光雷达或者视觉传感器，可定义 $\boldsymbol{x}_k$ 为运动方程；$\boldsymbol{D}_{k,j}$ 为观测方程；$\boldsymbol{X}_k$ 为传感器所处位置；$\boldsymbol{y}_j$ 为观测到的特征。

式（6-10）中的两个方程包括最基本的 SLAM 问题：当获取运动数据 u 和传感器数据 z 时，求解传感器定位问题和地图构建问题。

针对目前移动端增强现实应用定位精度不足的问题，本书提出了一种基于语义 SLAM 的增强现实三维注册改进算法，在视觉 SLAM 算法的基础上加入场景语义信息，以减少 SLAM 算法中的误匹配特征点数，提高增强现实三维注册的精度。本小节主要分两部分介绍基于 SLAM 的增强现实三维注册方法，第一部分是基于视觉 SLAM 的增强现实注册方法，第二部分是基于语义 SLAM 的增强现实三维注册改进方法。

1. 基于视觉 SLAM 的增强现实三维注册方法

视觉 SLAM 算法分为前端和后端，前端通过匹配对比帧与帧之间的关系，确定摄像头在空间中的位姿，而后端主要通过优化算法进行轨迹闭环检测并修正定位误差。基于视觉 SLAM 的增强现实三维注册方法不受增强现实标识的限制，适用于相对较大的应用场景。

传统的增强现实的应用大多通过识别已知尺寸、形状的特定标识提取标

识上的特征点，计算得到摄像头与标识的相对关系，并将虚拟对象叠加到该标识所处的平面上，实现增强现实的虚实叠加效果。然而，由于在日常的生活生产中大多不允许使用标识，基于标识的增强现实三维注册方法有很大的局限性，而基于视觉 SLAM 的三维注册方法可以有效地解决该问题。

基于单目视觉 SLAM 的增强现实三维注册方法示意图如图 6-3 所示。通过摄像机在空间中的移动，实时获取不同时刻、不同角度的相邻关键图像帧，并对图像帧进行特征点提取与描述子计算；通过对相邻帧进行特征点匹配以及三角计量法计算得出摄像头的位姿信息；同时，实时进行 SLAM 的后端闭环检测，如图 6-4 所示，修正摄像头在空间中的位姿偏移，从而实现高效便捷的增强现实三维注册。比较有代表性的视觉 SLAM 算法有 ORB-SLAM2 等。ORB-SLAM2 算法兼顾了实时性和准确性，比较适用于增强现实的三维注册与场景点云地图构建。

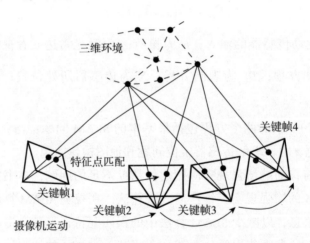

图 6-3　基于单目视觉 SLAM 的增强现实三维注册示意图

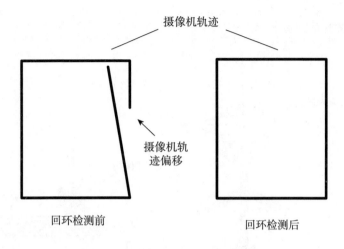

摄像机轨迹

摄像机轨迹偏移

回环检测前　　　　　　　　　　回环检测后

图 6-4　视觉 SLAM 闭环检测示意图

　　SLAM 算法是由定位（localization）和建图（mapping）两部分构成的。对于定位问题，可以应用基于特征点的方法或用直接法求解，目前常用的方法是基于图像特征点的方法，其中 ORB 法是目前比较高效的特征点提取与匹配算法，它采用改进的 FAST 算法关键点检测方法，使特征点具有方向性，并采用具有旋转不变性的 BRIEF 特征描述算子。FAST 算法和 BRIEF 算法都是非常快速的特征计算方法。确定 FAST 算法特征点的表达式为

$$N = \sum x \forall (\mathrm{circle}(p)) \,|\, \boldsymbol{I}(x) - \boldsymbol{I}(p)| > \boldsymbol{\varepsilon}_{\mathrm{d}} \qquad (6\text{-}11)$$

式中：$\boldsymbol{I}(x)$ 为圆周上特征点的灰度值；$\boldsymbol{I}(p)$ 为中心特征点的灰度值；$\boldsymbol{\varepsilon}_{\mathrm{d}}$ 为两特征点灰度值的阈值；N 为两特征点灰度值的差值大于 $\boldsymbol{\varepsilon}_{\mathrm{d}}$ 的总数，如果 N 大于圆周上特征点总数的 3/4，则该点为 EAST 算法特征点。

　　通过 ORB 算法提取场景图像特征点后，需要计算图像特征点间的一一对应关系。如式（6-12）所示，P 和 Q 是相邻帧中两组一一对应的特征点，基于 SLAM 的增强现实三维注册方法需要获取摄像机的位姿，即通过这两组特征点求出摄像机的旋转矩阵 R 和位移向量 t：

$$\begin{cases} \boldsymbol{P} = \{p_1, p_2, p_3, \cdots, p_n\} \in F_1 \\ \boldsymbol{Q} = \{q_1, q_2, q_3, \cdots, q_n\} \in F_2 \\ \forall_{i, p_i} = \boldsymbol{RQ}_i + \boldsymbol{t} \end{cases} \qquad (6\text{-}12)$$

增强现实头显定位需要和场景物体进行坐标转换，图 6-5 为一个增强现

实头显成像示意图。

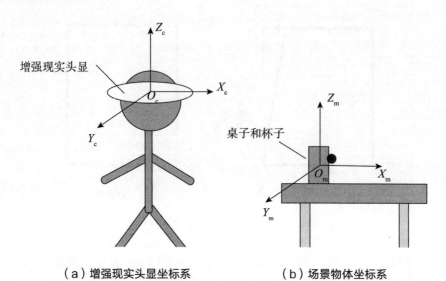

（a）增强现实头显坐标系　　　　（b）场景物体坐标系

图6-5　增强现实头显成像示意图

假设如图 6-5 所示的场景中桌子和杯子在 $O_m X_m Y_m Z_m$ 坐标系下，增强现实摄像头在 $O_c X_c Y_c Z_c$ 坐标系下，则增强现实中成像的数学模型为

$$\begin{bmatrix} x_c \\ y_c \\ 1 \end{bmatrix} = \boldsymbol{K} \begin{bmatrix} x_c \\ y_c \\ z_c \\ 1 \end{bmatrix} = \boldsymbol{T}_{cm} \begin{bmatrix} x_c \\ y_c \\ z_c \\ 1 \end{bmatrix} \tag{6-13}$$

$$\boldsymbol{K} = \begin{bmatrix} s_{x_f} & 0 & u_0 & 0 \\ 0 & s_{x_i} & v_0 & 0 \\ 0 & 0 & 1 & 0 \end{bmatrix} \tag{6-14}$$

$$\boldsymbol{T}_{cm} = \begin{bmatrix} R_{33} & T_{31} \\ 0 & 1 \end{bmatrix} = \begin{bmatrix} R_{11} & R_{12} & R_{13} & T_1 \\ R_{21} & R_{22} & R_{23} & T_2 \\ R_{31} & R_{32} & R_{33} & T_3 \\ 0 & 0 & 0 & 1 \end{bmatrix} \tag{6-15}$$

式中：$\boldsymbol{K}$ 为摄像机内参矩阵；$\boldsymbol{T}_{cm}$ 为摄像机外参矩阵。

随着人们对增强现实交互体验以及定位精准度要求的提高，目前基于点云地图的 SLAM 算法遇到瓶颈，要想实现人机交互的真实感和沉浸感，增强现实头显设备必须进一步提高定位精度以及对场景的感知能力。

2. 基于语义 SLAM 的增强现实三维注册改进方法

（1）语义分割的实现。语义分割主要应用全卷积神经网络，实现像素级别的物体识别与物体边缘提取。全卷积神经网络与卷积神经网络的主要区别如下：卷积神经网络输入的是一张图像，输出的是对图像中物体识别后的一个概率值；而全卷积神经网络输入的是一张图像，输出的是和输入图大小一致的语义分割图。全卷积神经网络是像素到像素的映射，是一个像素级的识别，对输入图像的每一个像素在输出上都有对应的判断标注，标明该像素最有可能是一个什么物体或类别。

语义分割的主要流程如下。

①图像输入：图像输入主要采用摄像头作为图像输入设备。图像为采样场景的 RGB 图像。

②卷积处理：对输入图像进行多个卷积层处理，取更深层的图像特征，并排除多余的干扰特征信息。

③池化处理：在实际应用中，相邻的像素往往代表同一种物体类别，如果按照图像上每个像素依次计算，就会出现冗余，因此要通过池化处理对图像进行切块，并将切块后得到的图像像素值的均值或最大值作为该切分区域的新值（本算法采用最大池化处理），从而得到新的图像，并将该图像作为下一层卷积层的输入图。

④反卷积处理：经过卷积得到的图像大小是前一层图像的 1/2。由于全卷积神经网络是用于像素级识别的，像素与像素之间是全映射的关系，需要对卷积后的图像进行还原，即采用反卷积操作将图像扩充至原来图像的大小。

⑤条件随机场：Lafferty 等人于 2001 年提出的条件随机场，结合了最大熵模型和隐马尔可夫模型的特点，是一种无向图模型。通过条件随机场优化，将语义分割结果中明显不符合事实的识别结果剔除，替换成合理的识别结果，得到对全卷积神经网络的图像语义预测结果的优化，生成最终的语义分割结果。

（2）语义 SLAM 算法。语义 SLAM 算法主要融合场景物体语义分割结果和视觉 SLAM 算法，语义信息主要作用在视觉 SLAM 算法中关键的特征点匹配阶段。根据语义分割算法得到图像帧中物体的类别信息以及其所在的像素区域，在进行相邻帧自然特征点匹配时，先通过搜索图像中物体的类别，再从像素区域寻找对应的特征点。这样可缩小特征点搜索范围，从而提高特征匹配的效率；同时，保证相邻帧匹配成功的自然特征点是在相同的像素区域内，以提高相邻帧特征点匹配的准确率，提高增强现实应用中的三维注册的准确率及稳定性。语义 SLAM 算法实现步骤如图 6-6 所示。

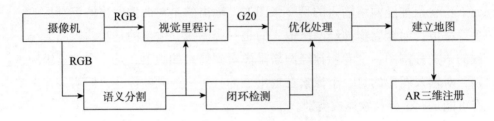

图 6-6　语义 SLAM 算法示意图语义

SLAM 算法主要分为以下几部分。

①数据采样：主要采用 RGB 摄像机进行图像采样。

②视觉里程计：该阶段主要是匹配相邻帧之间的特征点，并根据匹配上的特征点计算和记录输入设备的位姿信息。

③语义分割：根据场景中物体的语义分割结果以及其所在的像素区域，提高特征点匹配时的搜索速度和匹配精度，并在输入设备位姿信息的同时记录场景语义信息。

④闭环检测：在摄像机对场景进行扫描时，根据实时的摄像机位姿计算结果以及场景语义分割结果，生成语义轨迹地图，地图上包含了相对应的摄像机位姿的语义对象。当摄像机采样到新的图像帧时，先判断当前帧中的物体类别是否在已生成的轨迹图中出现过，如果是读取轨迹地图上该物体的摄像机位姿信息，则应对新帧中摄像机空间坐标进行修改，以实现 SLAM 算法的闭环检测。

⑤三维注册：根据以上步骤得出摄像机在空间中的位姿后，将虚拟模型添加到相应的真实场景中，完成增强现实的三维注册。

基于语义 SLAM 的增强现实三维注册算法中，在获取场景语义信息的同时，应结合语义信息对视觉 SLAM 中的自然特征点匹配过程进行优化，以提高特征点匹配的效率和精准度。具体做法为在特征点匹配过程中，根据语义信息限定特征点匹配区域，减少因光照、遮挡等干扰信息所引起的特征点误匹配率，从而提高视觉 SLAM 算法中特征点匹配的精度，实现更精准的增强现实三维注册。如图 6-7 所示，场景中有桌子和椅子，在自然特征点匹配中，如果匹配结果不与相应类别一一对应，则判定为误匹配，该匹配点将会被剔除。

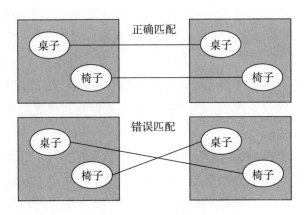

图 6-7　基于语义信息的特征点匹配优化示意图

匹配算法为

$$\begin{cases} P_{\text{RGB}} = Q_{\text{RGB}} \\ P \in I_1 \\ Q \in I_2 \end{cases} \quad (6\text{-}16)$$

式中：P、Q 为相邻帧 I_1 和 I_2 上的匹配点。

通过语义信息限定匹配范围，可减少误匹配点的数量以及缩小匹配的范围。因为语义分割得出的对象类别以不同颜色的掩膜表示，所以只需要根据语义分割后图像上的颜色限定匹配点。如果两匹配点的颜色相同，即认为该匹配点为正确匹配点，否则判定为误匹配点并剔除该点。例如，图 6-7 展示的是两个相邻的关键帧，场景中的桌子和椅子通过语义分割后有不一样颜色的掩膜，代表着不同的物体类别，在进行图像匹配时，如果两匹配点不属于同一物体，则认定为误匹配点，将其剔除。

6.2.4　摄像机跟踪的应用

实验采用的台式计算机的配置如下：Intel Xeon（R）E3-1225@3.10 GHz 处理器，16 GB 内存，Windows 7 系统。Logitech Quick-CaPro 9000 摄像机采样的图像有 640 像素 × 480 像素分辨率，80°广角，24 f/s。采用 C++

编程、OpenCV 和 Point cloud library 进行点云管理。

选择桌面上的装配场景为对象进行摄像机跟踪实验。场景中包括一个齿轮油泵、一把工具锤、一把钳子以及一把扳手。

首先，让摄像机做平滑以及小角度的移动并产生一个序列视频；其次，提取图像的 FAST 特征点，特征点检测器的阈值设置为 15 ～ 30，每帧图像大约有 150 个特征点用于下一步的运算。特征点跟踪和匹配采用稀疏光流估计，利用自适应的最大距离和第二大距离的比值获取匹配点，并结合基础矩阵和 Ransac 算法来剔除误匹配点。为了减少噪声的影响，可以采取双向跟踪和匹配的方法。

实验在对摄像机的运动参数和位姿进行求解的同时，也会对场景中出现的工具和零部件表面结构参数进行求解，获取了 305 个关键帧以及在装配工作场景中的 4 080 个三维点，这些关键帧和三维点从不同角度展示了获取的摄像机位姿和场景点云。

旋转矩阵 R 虽然可用围绕三个基本轴旋转的乘积获得（旋转结果和施加变换的顺序有关系），但为了表示摄像机的平滑移动，在实际应用中通常把旋转矩阵 R 变换成用四元数（quaternion）表示，即向量 $q = \begin{bmatrix} \lambda_0 & \lambda_1 & \lambda_2 & \lambda_3 \end{bmatrix}^T$。表 6-1 所示的为部分关键帧的姿态参数 (t, λ)。

表6-1　部分关键帧的姿态参数

关键帧	t_x / mm	t_y / mm	t_z / mm	λ_0	λ_1	λ_2	λ_3
第 5 帧	−6.601 8	−27.118 9	−235.950 6	0.887 0	0.313 1	0.313 1	0.131 1
第 9 帧	20.128 1	−22.960 4	−239.085 0	0.895 4	0.314 9	0.288 8	0.125 0
第 15 帧	42.795 9	−23.965 3	−237.318 1	0.901 6	0.318 5	0.259 9	0.112 6
第 22 帧	83.165 4	−38.536 3	−224.784 6	0.918 5	0.316 8	0.217 6	0.092 9
第 31 帧	109.454 6	−52.524 3	−216.136 6	0.928 3	0.331 1	0.166 0	0.033 3
第 48 帧	148.531 5	−63.374 3	−219.482 5	0.921 3	0.320 6	0.196 4	0.066 1
第 64 帧	554.728 8	−241.4 169	−65.927 3	0.923 1	0.305 4	−0.222 2	−0.072 6

表 6-2 说明的是部分关键帧中 50 个最好的特征点的跟踪时间是以装配场景为实验对象测得的。在跟踪系统开始工作前，系统需要一个初始的场景点云模型，场景的点云可以利用第 5 章获取的结果。为了获取一个维度意义上的初始值，在选取三个关键帧进行场景的初始化时，注意控制三个关键帧覆盖的装配场景范围，第二个关键帧、第三个关键帧距离前一个关键帧 10 cm 左右。

表6-2　部分关键帧中50个最好特征点的跟踪用时

名　称	用时 /ms
特征检测	1
光流计算及匹配	～ 20
场景点云计算	～ 22
局部集束优化	10
总用时	～ 53

从用时来看，跟踪系统获取关键帧的速度可以达到大约 18 f/s，略低于视频获取的速度。不过对增强现实应用来说，摄像机并不是常常移动的，而是需要在某个场景停留，因此这个速度可以满足跟踪需求。

6.3　移动增强现实的交互方法与实现

6.3.1　基于触摸屏的交互

当前，随着移动和穿戴式设备的普及，显示屏除了提供可视化的功能外，还要承担一部分的交互任务。基于触摸屏的交互输入是一种可以代替或补充常规输入（如键盘和鼠标输入等）的新交互方式，已经应用于不同场合和领域。触摸交互让使用者可以通过屏幕接触方式对运算设备进行输入交互，使用者可以通过特定的手势组合来实现与计算机等设备的交互，尤其是新一代支持多点触摸交互触摸屏的出现，使触摸屏的应用出现了新的变化，可以为用户提供更多、更自然的交互方式。多点触摸技术的引入使以触摸屏为代表的人机交互方式更加便利，但同时带来了如何识别基于多点触摸双手交互手势的问题，多点触摸原理的不同也导致了识别双手手势方法的不同。

在实际应用中，触摸手势输入有很多独特的优势。首先，它更加符合人们日常的行为习惯，可以用日常的自然动作来操作计算机等设备，大大减小了操作者的认知负担，降低了学习操作的难度；其次，它不需通过鼠标精确定位菜单、按钮，通过触摸笔或相应手势就可以完成需要的操作，使人们可以轻松、高效地使用计算机等设备；最后，引入触摸手势，可以适当减少菜单、按钮的数量，提高屏幕空间的利用率，这一点对嵌入式应用尤为重要。触摸手势技术的引入虽然使以触摸屏为代表的人机交互方式更加直观、方便和自然，但也带来了如何对触摸手势进行学习和识别的问题。人工神经网络具有自学习、容错性、分类能力强和可并行处理等特点，可以不断挖掘出研究对象之间内在的因果关系，最终达到解决问题的目的，因而广泛应用于函数逼近、模式识别、优化控制、管理预测等诸多领域。从识别机理来看，神经网络也非常适用于分析触摸手势，因而利用人工神经网络方法来研究触摸手势识别是一个值得探索的方向。

本小节在分析触摸屏工作原理的基础上，首先提出了触摸手势分析和表示的方法；其次，定义了一套实现人机自然交互的触摸手势，包括确认、取消、前进、后退、翻页、书写数字等；最后，利用 RBF 径向基神经网络进行触摸手势的在线训练和识别，为带触摸屏的设备提供了一个基于触摸手势的人机交互手段。

1. 触摸屏工作原理

触摸屏从技术原理的角度可分为 5 种：电阻式触摸屏、电容式触摸屏、红外线式触摸屏、表面声波式触摸屏和向量压力传感式触摸屏。其中，电阻式触摸屏和电容式触摸屏以其较高的性价比得到了最广泛的应用技术对比如表 6-3 所示。

表6-3　电阻式触摸屏和电容式触摸屏技术对比

对比项	电阻式触摸屏	电容式触摸屏
多点触摸	不支持	支持
触摸方式	硬笔	手指
触摸压力	需要	不需要
精度	低	高
校准	需要	不需要
透明度	低	高
表面硬度	低	高
寿命	短	长
成本	低	高

下面对 5 种触摸屏进行详细描述。

（1）电阻式触摸屏。根据引线的条数，电阻式触摸屏通常分为四线电阻式触摸屏和五线电阻式触摸屏。

①四线电阻式触摸屏。四线电阻式触摸屏的主体部分是一块与显示屏表面贴合的多层复合薄膜。玻璃作为基层，在玻璃表面再涂一层透明的氧化铜（ITO）涂层，作为电阻层。电阻层水平方向上加有 5 V 到 0 V 的工作电压，从而形成了均匀连续的电压分布。在该电阻层上再加一层塑料软薄膜层，在其垂直方向上加上 5 V 到 0 V 的工作电压。在电阻层与塑料层之间有许多小于 0.001 in（1 in=2.54 cm）的透明隔离点使之绝缘。当手指接触摸时，两层在触点位置被接通，控制器检测到接通后，进行 A/D 转换，即可得到触摸点的坐标。四线电阻式触摸屏设计比较简单，且生产成本较低。

②五线电阻式触摸屏。由于四线电阻式触摸屏外层电阻层受压非常频繁，容易造成破裂导致电压分布不均，从而无法准确获得触点坐标，人们发明了五线电阻式触摸屏，如图 6-8 所示。五线电阻式触摸屏只把外层电阻层用作

导体层，作为五线中的一线。五线电阻式触摸屏即使有裂损，但只要不完全断裂，就不会影响触摸点坐标的计算，因此，比四线电阻式触摸屏有更长的寿命。

　　总而言之，四线电阻式触摸屏与五线电阻式触摸屏的工作环境与外界完全隔离，灰尘和水汽都无法进入。电阻式触摸屏可接收任何物体的触摸，比较适合工业控制领域和办公室环境，但使用者若用力不当或用锐器操作可能会划伤触摸屏，从而导致触摸屏失灵报废。

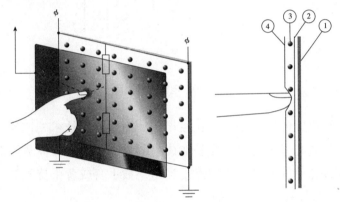

1—玻璃层；2—电阻层；3—微绝缘子；4—导电膜

图 6-8　五线电阻式触摸屏

　　（2）电容式触摸屏。电容式触摸屏由一个双向智能控制器和一个模拟感应器组成，其利用了人体的电流感应特性，如图 6-9 所示。模拟感应器是一片均匀涂布的 ITO 层面板，面板的四个角落各有一条出线与双向智能控制器相连接。为了能够侦测触碰点的准确位置，双向智能控制器必须先在模拟感应器上建立一个均匀分布的电场，这是通过内部驱动电路对面板充电而实现的。手指触摸触摸屏会引发微量电流流动，此时感测电路会分别解析出四条出线上的点流量，并根据计算公式把 X、Y 轴坐标值推算出来。

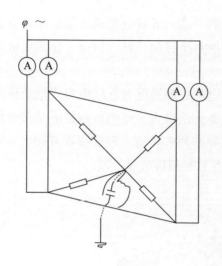

图6-9　电容式触摸屏

　　电容式触摸屏的缺点是反光比较严重，而且电容技术的四层复合触摸屏对各波长光的透光率不均匀，容易造成色彩失真，在有导体靠近时会引起误操作。电容式触摸屏的另一个缺点是当用户戴手套或者手持不导电的物体进行操作时，触摸屏是没有反应的。

　　（3）红外式触摸屏。红外式触摸屏的红外线发射器装在触摸屏外框上，配合接收感测元件即可实现对触摸的识别。在屏幕表面上，从 X、Y 轴两个方向发射红外线，形成红外线探测矩阵，任何触摸物体都会对两个方向上的红外线造成遮挡。该遮挡的位置信息分别被 X、Y 轴两方向上的接收感测元件识别，即可确定触摸点的坐标。红外线式触摸屏不受静电、电压和电流的干扰，其在某些恶劣的环境条件下也可以使用。其优点为价格低廉、安装方便、不需要控制器、可用在不同档次的计算机上。

　　（4）表面声波式触摸屏。表面声波是一种机械波，沿介质表面传播。此类触摸屏由声波发生器、反射器和声波接收器组成。其中，声波发生器持续发送在屏幕表面传播的高频声波。当触摸发生时，该触摸点所在位置的声波被触摸阻拦，声波接收器无法接收到此点的表面声波，由此可确定触摸点的坐标。表面声波式触摸屏较为稳定，不容易受环境因素如温度、湿度等的影响、分辨率高、防刮性好、寿命长，比较适合公众场所使用。

　　（5）向量压力传感式触摸屏。随着科技的发展及应用场景需求的增多，人们对上面四种技术的单点触摸屏进行了改进，研发出了多点触摸屏。例如，表面电容触摸屏进化成了投射电容式触摸屏，从而支持了多点触控。投射电容式触摸屏主体仍然是电容感应，但相对表面电容式触摸屏，它采用了多层ITO，从而具有矩阵式分布，可兼顾多点触控操作。投射电容式触摸屏主要有两种类型：自我电容式和交互电容式。

2. 手势的定义与功能设计

传统的基于鼠标点击的交互方式存在很多缺陷，如学习成本高、交互方式机械化等，而基于触摸屏的滑动手势交互方式具有操作容易、节约显示空间、可减少误操作等优点，已然成为交互方式设计的一种趋势。当前主要有三个主流商用触控平台：苹果公司的运行在 iPhone 和 iPad 上的操作系统iOS，微软的操作系统 Windows，谷歌的手机操作系统 Android。目前各平台上手势库还不统一，因此同一个手势在不同的操作系统中的名称和映射的任务不尽相同。有时同一个操作系统中的同一手势在不同的上下文交互背景中也会映射不同的任务。不同的操作系统有不同的手势定义，以 Android 为例，在软件开发过程中以通过调用相应的事件的方法来激活屏幕触碰的功能，获取屏幕触碰的位置和时间，从而触发相应的事件，对应的手势如表 6-4 所示。

表6-4　Android操作系统交互手势

手势名称	交互任务	对应的核心手势
Tap	打开应用	Tap
Double Tap	缩放网页内容	Double Tap
Drag	移动拖放对象	Drag
Fling	阅读中翻页	Flick
Pinch	缩小内容	Pinch
Touch and Hold	收起内容	Press

不管是基于什么技术实现的多点触摸屏，只要最终返回的是触摸点坐标，就可以脱离具体的多点触摸平台，设计一种具有普适性的手势识别算法。本节针对上述的核心手势，提出了 SDT 算法。该算法是一个基于多触点的触摸

状态（state）、位移（displacement）和时间（time）进行两点触摸手势识别的算法。SDT 算法的思想是触摸屏检测到的是一组在时间、位移、触摸状态上变化的触点序列，触点按照一定的时间、位移、触摸状态组合成手势，即触摸手势是由触摸点在时间、位移和触摸状态上的变化构成的。所以，手势识别算法要从触点序列里提取满足时间、位移和触摸状态三个参数要求的触点集。

旋转和平移的手势在屏幕的滑动过程中具有很高的共性，操作方式很难被区分。因此，为了减少误操作，需要用功能菜单配合进行区分，其中对模型缩放功能手势使用了多点（两点）触摸的功能。在程序中基于手势交互的执行流程如图 6-10 所示。

图 6-10　基于手势交互的执行流程

首先，在主类中覆写 onTouchEvent 方法，获取屏幕触碰事件；其次，将按钮选择的手势类型和触碰事件传递到渲染类中，在渲染类中判断触碰事件类型和手势类型；再次，获取事件发生的位置变化；最后，传递给三维虚拟模型，完成模型的控制，在虚实融合场景中反映出这种变化。

3. 基于触摸屏的交互

根据触摸点的个数，可将触摸手势分为单点触摸手势和多点触摸手势。这里将基于触摸屏多触点定位技术方案中的多点触摸手势定义为"双手在与触摸系统的交互过程中根据单个或多个手指在触摸系统表面的触摸状态、触点坐标或触点相对位移特征加以区分的有特定含义的触摸动作"。这种多点触摸手势是一个平面二自由度的手势，是由一组在空间上检测到的触点和与之相关的一组时间参数组合而成的。

目前的单点触摸手势主要有 Tap、Double Tap、Drag、Flick 定义的手势，多点触摸手势有 Pinch、Spread、Press、Press and Tap、Rotate 和 Press and Drag 等定义的手势，这些手势被称为核心手势，下面所提到的核心手势皆是指这些手势。

在基于触摸屏的人机交互系统中，用户使用触摸手势和系统进行交互，通过对核心手势进行组合，形成一定的任务指令。系统接收用户输入的手势，对手势进行过滤和处理，转换成特定的交互指令，执行后将结果输出给用户，也就是说，每个手势都要映射一项任务。

如今，触摸屏已成为移动终端的重要组成部分，各种移动终端应用软件都基于单点或多点触碰简化用户的操作体验。基于触摸屏的优势和特点，在 Android 操作系统下，研究基于触摸屏的交互方案设计，主要包含菜单、手势以及按钮三方面的内容：①点击屏幕菜单实现一些应用的常见功能和扩展功能，如更新、退出等；②在手机屏幕上进行手势滑动，利用相应的函数接口获取对应的数据，从而实现虚拟模型的平移、旋转、缩放以及添加和删除的功能；③点击按钮，控制装配流程操作步骤，对用户操作过程进行指导。

4. 移动增强现实中触摸式交互

在虚实融合场景中，需要对模型进行旋转、平移等操作，而场景中的模型往往会有很多，这就需要解决通过触摸屏幕实现快速准确选择定位模型的问题。

模型拾取，就是根据二维屏幕物理坐标系坐标来选取三维空间中图元的操作。射线法拾取模型如图 6-11 所示。其中，$Z=0$ 处为视锥体近剪裁面；$Z=1$ 处为远剪裁面。拾取射线是由触摸位置在近剪裁面上的位置 P_0 以及在远剪裁面上的位置 P_1 组成的，P_0 为射线原点，射线由 P_0 发射指向 P_1，概括地说，就是二维平面的一个点映射到三维空间的射线。

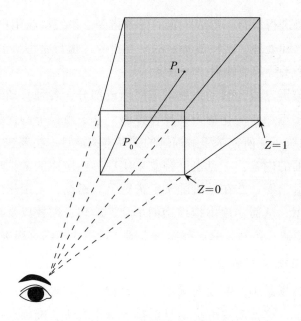

图 6-11 射线法拾取模型

射线拾取算法是判断视点出发经屏幕坐标系统的射线是否与目标物体相交的算法。其实现方法如下：

（1）通过取得射线与远近两个剪裁面的交点来确定射线的位置及方向。

（2）判断射线与拾取目标是否存在交点。因为在射线上，任意一点均可表示为单位向量（$\boldsymbol{L}$）与模（len）的乘积，则交点表示为

$$P = P_0 + \boldsymbol{L} \times \text{len} \qquad （6\text{-}17）$$

又因为三角形内的任意点都可用 u, v 和其三个顶点坐标来确定，其中 $0 < u < 1$，$0 < v < 1$，$0 < u+v < 1$，设三个顶点为 T_1, T_2, T_3，则有

$$P = T_1 + u \times (T_2 - T_1) + v \times (T_3 - T_1) \qquad （6\text{-}18）$$

由此可以得出

$$P_0 - T_1 = u \times (T_2 - T_1) + v \times (T_3 - T_1) - \boldsymbol{L} \times \text{len} \qquad （6\text{-}19）$$

从而有方程组

$$\begin{cases} P_0 \cdot x - T_1 \cdot x = u \times (T_2 \cdot x - T_1 \cdot x) + v(T_3 \cdot x - T_1 \cdot x) - \boldsymbol{L} \cdot x \times \text{len} \\ P_0 \cdot y - T_1 \cdot y = u \times (T_2 \cdot y - T_1 \cdot y) + v(T_3 \cdot y - T_1 \cdot y) - \boldsymbol{L} \cdot y \times \text{len} \\ P_0 \cdot z - T_1 \cdot z = u \times (T_2 \cdot z - T_1 \cdot z) + v(T_3 \cdot z - T_1 \cdot z) - \boldsymbol{L} \cdot z \times \text{len} \end{cases} \qquad （6\text{-}20）$$

这是一个线性方程组，根据克拉姆法则，当满足条件：$0 < u < 1$，$0 < v < 1$，$len > 0$，$0 < u + v < 1$ 和 $\begin{bmatrix} -L & T_2 - T_1 & T_3 - T_1 \end{bmatrix}$ 不为零时，射线和三角形相交，如图 6-12 所示。

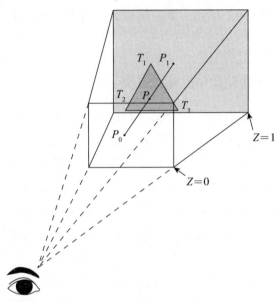

图 6-12　射线法拾取原理图

同样采用这种方式，就可以判断触碰选中了哪个模型，即根据射线法可以判断选中的模型。

5. 触摸式交互案例

移动增强现实的一个典型应用是指导装配。为了模拟真实装配的过程，要对模型连续进行操控，包括对模型的选择、添加、删除、平移、旋转等。为了获得装配过程的真实效果，在增强现实装配过程中同样需要对模型进行类似的控制；同时为了使整体场景中的模型为真实大小，还加入了对模型进行缩放的功能。

（1）模型的添加。由于在装配过程中需要添加零件，在增强现实装配系统中设置了模型添加的功能，可以通过在 UI 界面上以列表的形式将模型库中的所有模型展示出来，用户可选择不同的模型放置在虚实融合的场景中。

（2）模型的删除。在增强现实装配虚实融合场景中，可能会出现模型添加错误而需要删除的情况，这时就需要用到模型的删除功能。可在系统中通过直接选中法选中模型，弹出对话框，这时就可以删除该模型。

（3）基于按钮的交互。基于按钮的交互方式使用按钮控制整个装配过程。这种方式只需设置一个标识。当完成一个装配步骤时，点击按钮即可进行下一步安装。基于按钮的交互方式有两方面的好处：①这种交互方式逻辑简单，操作方便；②只需要一个标识，算法简单，执行效率高。但是，这种方式也有沉浸感弱的缺点。

6.3.2　移动增强现实中的视觉式交互

虽然经过改进的手臂键盘和数据手套等的可操作性和便携性已有大幅度的提升，但仍然没有摆脱传统交互装置本身存在的局限性，如以某个输入工具为中心和交互方式不自然等。因此，研究人员开始致力研究更自然、更智能的交互技术。基于视觉的交互和感知技术提供了一种很有发展潜力的研究方向。该技术利用内嵌于移动终端的摄像机等视觉传感设备，实时获取用户所在的场景信息，计算机可随时随地理解用户行为及其周围环境，通过视觉处理技术解析用户的交互意图，并向系统发出执行指令，实现自然的交互和感知。基于视觉的交互和感知技术涉及移动计算、计算机视觉、计算机图形处理、模式识别和认知心理学等多个学科的知识，具有重要的理论研究意义。该技术在军事、工业、医疗、教育、抢险与救灾等领域有着极其广泛的应用。

此外，移动计算环境也为视觉交互领域带来了新的研究内容和挑战，如摄像机抖动、视角和光照变化、复杂背景等因素都会对视觉交互和感知产生很大的影响。人的介入是移动视觉的典型特点，也是移动视觉与桌面视觉、机器人视觉的主要区别。使用者可以直接介入计算机的视觉交互过程，并通过人的配合实现准确高效的交互操作。基于移动视觉的交互和感知技术不仅具有重要的理论研究意义和应用价值，还将极大地推动人机交互方式的发展和变革。

1. 视觉式交互的概念和研究现状

基于视觉的交互领域存在许多困难和挑战，如复杂背景和光照变化的影响、人手快速运动产生的场景物体增加与减少、手指之间的相互遮挡等，这些都使鲁棒性精确的图像分割和特征提取成为难点。为降低视觉处理的复杂性，有时候使用带有特殊标记的手套等来辅助获取手的位置、方向等信息。

这些辅助设备可以在很大程度上提高算法的鲁棒性，但也给使用者带来了某些不便。常用的方法是利用手部的自然信息如肤色、形状等进行特征提取，从而开发出许多基于手势的交互系统。例如，通过投影仪将图像投射到墙面或桌面，利用摄像头捕捉人手在投影平面上的运动和姿势，从而实现手指绘图或点击按钮等交互操作。

基于视觉的手指屏幕交互方法使用单个摄像头进行实时场景图像采集，通过图像处理算法检测手指在场景上的移动和点击动作，完成与计算机的人机交互。这种新的交互方式有广泛的应用前景，如在装配操作、机构展示、手术规划等方面都可以得到很好的应用。

基于视觉的手指屏幕交互系统由一台移动终端和内嵌的单个普通摄像机组成，摄像机拍摄包含完整显示器屏幕的视频图像，这种系统配置可以有效解决多个摄像机的配置和数据融合的难题，以降低视觉处理的难度，使该交互系统的鲁棒实现成为可能。系统在移动设备的屏幕上显示图形交互界面，通过指尖在屏幕上的移动和点击来完成与计算机的直接交互。

2. 基于移动视觉的交互框架

按照分层的思想对移动视觉的交互系统进行建模和描述，其体系架构可划分为五个层次：用户层、输入输出层、处理层、接口层和应用层，如图6-13 所示。用户层包括用户和环境两部分，是所有交互信息的来源，其中用户提供主要的输入信息，同时环境中蕴含着丰富的可能影响交互的上下文线索。输入输出层主要负责信息的输入和输出工作，由移动终端摄像机和显示器组成。摄像机实时获取交互场景的灰度图，显示器负责交互反馈结果的可视化输出。应用层主要由各种不同的交互应用程序组成。接口层定义处理层和应用层之间的接口标准，在提供相互通信机制的基础上将两层隔离，使架构具备更好的扩展性和可重构性。处理层是整个架构的核心，由视觉处理单元和输出管理单元组成，负责对输入的图像信息进行分析处理，对输出信息进行管理控制。视觉处理单元利用视觉处理算法跟踪指示手势，结合虚拟触摸板检测"触碰"书件，最后将手势的参数整合为计算机可执行的手势指令，经接口层转化为具体的交互指令。视听觉整合单元综合分析这些通道传递的参数，并将整合后的综合指令提交给应用层执行。

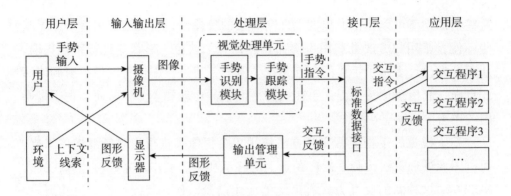

图6-13　视觉交互框架

（1）硬件配置。移动视觉交互系统的硬件配置包括移动终端、摄像机和显示器。其中，摄像机获取场景的深度序列，并将其实时传输到移动终端。移动终端计算模块是整个系统的中央控制机构和核心处理单元，对系统的各个部分进行统一管理和协调控制。全部的视觉处理算法、交互界面控制程序和外层应用程序都需要在移动终端内完成。交互的反馈结果通过显示器以直观的方式呈现给使用者。

（2）软件组成。交互系统采用层次化的组织方式来建立软件体系结构。将系统划分为三个层级：算法处理层、应用编程接口层和外围应用程序层。每一层通常可以作为一个利用下层的支持为它的上层提供服务的虚拟机。这种分层的机制可以把应用系统划分为功能相对独立的模块，以实现系统的高内聚和低耦合，还可以增强系统的可重构性，不同的应用程序可以通过简单的编程接口加入系统中，各层的模块也可以根据需要进行动态更换。

算法处理层位于整个软件体系的底层，主要由视觉处理算法组成。应用编程接口层位于外围应用程序层和视觉处理层之间，由用户定义应用程序和算法之间的接口标准，如应用程序通过什么方式调用所需要的处理算法，处理结果将以什么方式传递给应用程序等。设计自然友好的人机交互界面和实用有趣的交互程序是应用程序层的主要研究目标，如实现基于指示手势点击的菜单操作、手写输入和物体标注等。应用程序通过标准的编程接口获取来自算法处理层的交互参数，根据用户的交互意图执行相应的任务并将反馈结果以直观的形式展示给操作者。

3. 基于虚拟触觉平面的交互

基于视觉的人机交互提供了一种自然的交互方式，但如何判断人的当前手势是随意行为还是交互行为仍然是一个尚未得到很好解决的问题。受触屏设计思想的启发，有研究者提出了一种虚拟触摸板交互技术，它有效提高了基于视觉的手势交互行为的自然性，并可通过检测手势是否接触到虚拟触摸模板来区分交互行为和随意行为。以目标选取为例，基于虚拟触摸模板的交互概括为如下步骤：①将指示手势移动到摄像机的拍摄范围内；②移动指示手势选取操作目标按钮；③将指示手势移离虚拟触摸模板，结束选取。

视觉处理算法负责图像采样、图像预处理、特征提取、跟踪识别等视觉计算任务。视频采样传输组件主要负责调用视频采样设备按照系统的要求采集指定格式的图像序列。图像预处理的任务主要是对采集的图像进行亮度均一化、去噪等简单处理，为下一步的图像处理提供高质量的数据源。特征提取负责从图像中提取多个通道的有用特征：①深度特征单元主要利用精密深度信息进行阈值分割等操作，实现手势的分割；② LBP 特征单元主要提取目标区域的 LBP 直方图特征；③轮廓特征单元通过 Canny 滤波提取图像中的所有边缘信息。跟踪算法模块对获取的特征进行分析、匹配和跟踪等处理，将计算得到的手势参数提供给应用层，完成人机交互。

在虚拟触模板上，一般需要设置一个类似光标的可移动的指针。传统的交互方式通过鼠标或者键盘等外设移动这个指针，当用户把指针指向虚拟触摸板上某一点或者某一个物体时，该点或者该物体将被当作被操作对象，相应的交互动作就被激活，实现对场景或相关物体的交互操作。

交互将采用基于标识遮挡的方法来实现，即在触摸板上设计一些交互按钮，通过这些按钮，我们可以在摄像机的视域范围内对交互的可见性进行判断，若某一个按钮被遮挡，则执行按钮关联的交互动作。

常用的基于二维模板的交互方式可以归为两大类：基于指针的交互和基于操作目标的交互。前者对在模板上移动的指针进行跟踪，如果指针下面有被操作目标，则立刻启动相应的交互动作。这种方式一般应用于传统的交互界面，早期鼠标、键盘交互阶段一般采用这种方法。

而在移动增强现实阶段，对指针进行持续跟踪的方法就没有必要了。为了挖掘增强现实的虚实融合的特点和优势，需要更加直观和自然的交互方法。为此，需要改变一些不利于移动操作的交互方式。手势的指示可以代替指针，要把手势这种最自然的交互方式加到增强现实的应用中。采用基于操作目标的方法只需判断哪些物体需要被操作，适于手势交互。交互点和被操作的目标的位姿可以预先计算，因此不需要像基于指针的交互方法时时刻刻跟踪指针位置，而只需要判断某个操作点或者某一个物体是否被选中，再判断相应的操作动作即可。

（1）按钮是否在摄像机视域范围内的判断。操作按钮的不可见是触发交互动作的关键，而按钮不在摄像机视域范围内或者受遮挡产生不可见时，其视觉效果是一样的。为了进行基于按钮遮挡的交互操作，要先对按钮是否在摄像机的视域范围内进行判断。如果按钮不在摄像机的视域内，则交互动作不应该启动。只有按钮在摄像机的视域范围内，同时显示屏幕把虚拟模型精确叠加在真实场景上时，对虚拟模型的交互才可继续进行。

判断交互是否在摄像机视域范围内，可采用两种方法进行分析。

一种方法是基于模板的匹配方法，预先训练好一个参考模板 I^{tem} 作为被跟踪的目标。在这种二维模型跟踪方法中，被跟踪的目标可以由一些自然特征点的描述算子表达。这些描述算子用直方图或者一些描述向量表示。对于由摄像机获取的视频序列帧 $I_0, I_1, \cdots, I_n$，可找到某一帧 I_i，使之与参考模板 I^{tem} 进行匹配，然后进行跟踪。在这种情况下，跟踪的目的是获取当前帧和模板图像的位置转换关系。这种方法对光照变化以及遮挡都有很好的抗噪声干扰作用。

为了获取当前摄像机的姿态，当前帧和模板图像的转换关系要不断进行估算和更新。实际上，要参考模板与输入帧完全匹配是不太现实的。参考模板图像 I^{tem} 与序列帧 $I_0, I_1, \cdots, I_n$ 的匹配程度，可以通过模板图像和序列帧的偏移值 p 来衡量。为了找到一个最相似的帧，把跟踪问题变为相似度问题，该问题可以表述为

$$\hat{p}_n = \arg\min_p \left(f\left(I^{tem}, w\left(I_n, p \right) \right) \right) \qquad (6-21)$$

式中：$w(\cdot)$ 为对当前帧进行的变形转换，以把当前帧的坐标系上的点转换到参考模板坐标系上。

式（6-19）通过求解最小偏移来找到和模板图像 I^{tem} 最相似的当前帧，为提高跟踪的准确性，可以在约束里引入配准函数。

Baker 等通过比较当前帧变化后的灰度值与模板图像的差异找到了跟踪目标。其约束为

$$\hat{p}_t = \arg\min_p \sum_{x \in \mathrm{ROI}} \left(\boldsymbol{I}^*(x) - \boldsymbol{I}_t \mathrm{w}\left(\boldsymbol{I}_t, p\right) \right)^2 \qquad （6\text{-}22）$$

式中：x 为参考模板兴趣区域中所有的纹理特征点。

$\hat{p}_t$ 的求解比较复杂，可以用迭代优化来进行。如果在摄像机获取的视频中找到与参考模板相匹配的视频帧，则认为所有的交互按钮都在摄像机视域之内，继续对参考模板进行跟踪，系统则进行虚拟模型的叠加和渲染，为进一步交互做准备。

另一种判断交互按钮是否在摄像机视域范围内的方法是对已有的交互按钮进行投影关系计算。在设计交互触模板时，所有的交互按钮之间的位置关系是已知的。由于经过初始化以及对模板的匹配和跟踪，摄像机相对于参考模板的姿态是已知的。如果知道某一个交互的按钮的位置，则通过摄像机相对于参考模板的投影矩阵，就可以计算其他交互按钮是否在摄像机的视域范围内。

（2）按钮遮挡判断。对操作按钮的遮挡判断可以采用模板识别的方式，即预先给定已知标识的标准模板，当获得某一图像的时候，判别图像与标准模板中的哪一个最接近，即认为该图像与最接近的模板的图像一致。这里涉及两方面的内容：一是图像的校正，二是模板的匹配。

采集图像的摄像机在采集图像的时候处于随机的位置，即摄像机和图像不一定是正对着的，所以采样到的图像也是不规则的。标识的外轮廓会发生一定的变形，这些变形包括平移、旋转、缩放等。为了用事先制作的模板和图像进行匹配，进而识别标识的 ID 号，需要先对图像进行几何变换，将图像转正，然后通过模板匹配和跟踪方法进行处理，求解按钮被遮挡的问题。

第7章　增强现实技术的应用

7.1　增强现实技术在教育上的应用

7.1.1　增强现实的教育需求分析

传统教学模式是以系统知识传授为主，课堂教学多采用讲授法、演示法、讨论法、练习法等。传统教学模式的优势在于能够发挥教师在课堂的主导作用，帮助学生高效掌握系统的知识技能，同时教师与学生的情感互动有助于发挥教师在教学中言传身教的作用。但是，这种教学模式也有一定的局限性：在实践课程的教学方面，教师对于抽象事物的表达不够具体，对需要实操的课程，学生无法实际动手操作；教师进行一对多教学，缺乏师生、学生之间的课堂互动；讲授的教学方式容易使学生过分依赖教师的"教"的过程，不利于培养学生的自我思考能力，学生自主学习的兴趣不高。

增强现实技术能够弥补部分传统教学模式的不足。增强现实技术具有虚实结合、虚实同步、交互自然的特点，其交互自然的特点能够克服传统教学中师生一对多交互不足的缺陷。行为主义认为，学习是刺激—反应联结公式，由刺激得到反应而完成学习。在传统的教学模式中，学生与教师之间的交互模式就是简单的教师讲、学生听，虽然有课堂问答，但是由于时间因素，教师也无法顾及每一位学生。而在 AR 合成的真实—虚拟学习环境中，学习者能够看见抽象的学习内容，并能与之进行交互，而且能立刻得到交互的反馈结果，并根据结果决定下一步的操作，这样的学习过程建立了知识和反应之间的链接，学习行为反射弧的完整促进了学习效果的提升。

增强现实技术的虚实结合、虚实同步的特点有效丰富了教学情境，有助于抽象知识的教学。情境认知理论认为，所有的知识都来源于真实生活的活动和情境，只有在真实情境中使用知识，才能真正地理解并运用知识，学习者通过在真实情境中自主、协作学习，在实践中完成知识体系的建构。增强现实技术提供的虚拟学习环境让学习者嵌入和现实相关的环境中，体验有关学习真实世界的环境，这样再次遇见真实环境以后的反应速度就会比单纯理论带来的印象深刻，学生也能够提高真正学以致用的效率。

7.1.2 增强现实技术的教育教学优势

1. 教学环境的真实性还原

增强现实技术可以实现虚拟信息和现实世界信息的合成，可以利用这个特点打造教育者希望呈现的"真实情境"，让学习者在模拟的"真实"的环境中体验、学习。目前，关于课堂的实践教学环节会提供实验室、工厂实习等，但是由于成本和安全的限制，很多知识还是停留在理论教学的层面。增强现实技术的这个特点可以用于知识的实践教学，为学生打造实践环境和实验条件，这样不仅能够降低学习成本，还能够提高学习环境的安全性。

2. 教学环境普适性

增强现实技术可以将真实世界的图像信息存入数据库，使学习者在非课堂的环境中通过图像扫描在真实的环境中查看更多相关信息和知识，实现随时随地的学习，大大降低了对于教育环境的要求。另外，除了学校的教育环境以外，博物馆、科技馆也能利用增强现实技术对知识更好地进行表达，可见增强现实技术在多种可教学的环境中普适性较高。

3. 教学内容的三维展示

增强现实技术的发展趋势一直是增强现实硬件设备，通过增强现实硬件设备，现实世界和虚拟信息会同时展示在使用者视野之内。这个虚实结合、虚实同步的特点能够将知识的 3D 模型展示出来，学习者可以在三维空间里认识并理解这个教学模型，比传统通过平面的图像去想像立体的知识更直观。这对于学生空间思维的训练、对抽象知识的理解都有着重要的价值。

4. 支持多种形式知识内容的拓展关联

增强现实技术支持展示于物理世界的信息是非常丰富的，能够叠加在真实环境的信息包括文字、图片、视频、音频、网站链接、三维模型、三维动画、全景信息等。增强现实技术可以将这些信息同时展示出来，这就给知识的关联拓展提供了非常便捷的渠道。知识往往是体系化的存在，知识点之间、各单元章节之间、各学科之间都是有所关联的，并且知识的展现形式可以是多种多样的，如视频、音频、动画、文字等，而增强现实技术能够将这些关联和知识不同形式展示容纳于同一个学习场景中，有利于学习者知识体系的建立和知识面的拓展。

5. 交互自然，反馈迅速

增强现实技术支持用户与物理环境中的虚拟对象进行自然的交互。这个特点能够让学习者与被学习的对象互动，提升学习的趣味性；能够根据学习者不同的操作指令给予不同的指导，适用于差异化指导学习，可以提高学习的专注度、参与度；学习者能够通过手、语音、眼动、体感等方式来与虚拟对象交互，这样可以调动参与者通过更多感官来感知和学习，学习不仅仅是听和看，还要能够运用肢体语言使学习体验更丰富。

6. 教学安全性

一方面，增强现实技术的安全性体现在其最终呈现效果还是建立在真实的世界中，在学习者学习过程中，周围物理环境的危险因素或者可见突发状况都是在学习者视野范围之内的，这和虚拟现实技术的纯虚拟的环境不同，给了学习者安全的保障。另一方面，增强现实技术能够模拟高危险系数的实验和实践情境，即使学习者操作失误，也不会对人体造成不可恢复的伤害。

7.1.3　针对不同教育对象的 AR 教育应用

1. 针对学前教育儿童的 AR 教育应用

学前教育的目标是促进学龄前儿童全面和谐的发展，多采用娱乐活动等方式让儿童了解现实环境中的知识常识。现在的学前教育的内容表达方式多以认知卡片、游戏、图画书等为主。

增强现实技术有着交互生动自然的特点，并且能够将抽象的信息进行形象化显示，在真实的环境中，保障了儿童的使用安全。这一点很符合学前教育的教育方式，因此国内外都纷纷使用增强现实技术进行寓教于乐活动。一般增强现实技术运用于学前教育阶段的产品形态是教育游戏。

（1）国外学前教育阶段的 AR 教育应用。在国外，学前教育发展与增强现实技术的发展相对成熟，增强现实技术运用的学前教育内容范围也更为广阔。国外的早教 AR 产品硬件大多还是依靠移动设备，更多使用 AR 的交互效果去提高儿童的学习兴趣。

在词汇认知方面，Bhadra 等人开发了识字游戏"ABC3D"，学龄前儿童用移动设备扫描单词的卡片，出现对应的 3D 模型和发音，能帮助儿童增进对词汇拼写、发音方面的认知。和"ABC3D"类似的还有 AR flashcards 的字母表，也是通过移动设备以卡片形式扫描，帮助儿童学习字母。这两款代表性的词汇认知的应用停留在增强现实技术的虚实同步特点方面，而荣获 2013 年最佳移动 App 称号的字母教育游戏 AR Flashcards-animal Alphabet 又在此基础上更进一步。当儿童用移动设备扫描卡片时，漂亮的 3D 动物将会在屏幕上跃出，点击动物就能够听到字母发音和动物名称。这个应用比前两款应用增加了 3D 的动物模型，提高了儿童的关联认知，并且加入了互动效果，使儿童能与动物互动，大大提高了儿童的自我学习的乐趣。以上的词汇认知应用是利用扫描卡片，而 Santos 等人提供了实景扫描词汇认知的方法，让儿童在最真实的环境下学习词汇。儿童通过扫描实景就可以获得相关的词汇的拼写、发音，让学前儿童能够最直接地将物体与语言表达对应，非常有利于儿童环境认知的教育。

在学前数学教育方面，来自马来西亚的研究者就尝试使用 AR 内容制作了"魔法之书"，从而帮助学生了解数学、学习基本的数字和计数规则。维也纳大学发明了 AR 数学教学系统，利用头盔显示的方式使学生可以在真实的环境里看见数学的 3D 模型，还能与之简单交互。在美术培养方面，不得不提的就是 col AR Mix，col AR Mix 是把传统填色游戏和 AR 技术结合起来的一款儿童娱乐运用。儿童给无色的图案填充颜色，用 col AR Mix 扫描后得到这个图案的 3D 立体彩色模型。AR 技术涂色应用需要根据不同的涂色效果生成不同颜色的 3D 模型，技术上比简单的扫描图像呈现 3D 模型实现难度更大。在综合能力培养方面，有两款 AR 游戏较为典型。一款是 PBS Kids 公司的 Cyberchase Shape Quest，属于 3D 拼图的应用。通过移动设备拼图碎片的扫描，儿童就可以看见拼图碎片的 3D 模型，然后儿童可以用手去拼图，拼好了就能找到回家的路，有利于培养儿童的空间几何能力。另一款是新加坡 MXR Corporation Pte Ltd 推出的 wlz Oubes TM，儿童只有通过匹配到两个相同的方块，才能使故事继续发展，在培养儿童语言认知能力的同时，还能提高儿童解决问题的能力。

（2）国内学前教育阶段的 AR 教育应用。自 2012 年谷歌发布谷歌眼镜以后，增强现实技术开始受到国内的关注。2014 年，国内增强现实技术市场较火热，其在学前教育阶段的相关应用产品也开始蓬勃发展。国内的 AR 早教产品同质化较为严重，但是对于 AR 早教硬件的探索也已经开始。在科普认知方面，目前的 AR 早教产品的形式主要有认知卡 +App、认知卡 + 智能硬件、书本 +App 的形式。科普认知卡系列居多。以长春新曦雨公司的"宇宙魔盒"系列为代表，至今，宇宙魔盒 3D 数据量达数十万个，涵盖古生物宇宙魔盒、宇宙星体、交通、现生动物、昆虫、植物、海洋生物、武器机械、自然现象、艺术美术等多方面科普知识产品。"宇宙魔盒"采取卡片 +App 的形式，用户通过手机、平板电脑等移动设备下载 App，扫描卡片，卡片相关的知识形象就可以 3D 展现，语音讲解与恐龙相关的知识，还能够视频重现恐龙从化石挖掘到恐龙复原的完整全过程；点击骨骼、皮肤、肌肉等按钮，可以清晰地看到恐龙的骨骼、肌肉和皮肤，语音讲解相关的恐龙知识，并且支持旋转缩放、自拍合影。熊尼奥的"口袋动物园"系列不仅将卡片上的动物进行了立体化展现，还融汇了四国的语言教学，在 2014 年一经推出便大受欢迎。此外，视辰信息科技上海有限公司也推出了"星球探索卡""神奇小百科"两套认知卡片，深圳氧橙互动娱乐的"魔法动物园""魔法恐龙馆"，秀宝软件的"3D 卡片"也是类似的产品。

以书本 +App 形式展现的包括以下几种：梦想人科技的"4D 书城"的模式就是与出版社合作，将科普杂志《天天爱科学》的科普知识做成 3D 模型并通过印刷二维码扫描出现立体的飞机、坦克；青岛智海云天信息技术有限公司旗下的"魔法涂涂看世界"就是一个综合 12 国百科类绘本，其中涵盖丰富的故事情节和 AR 虚拟现实场景。

以认知卡 + 智能硬件形式展现的包括：小熊尼奥推出的"梦境盒子"和"AR 地球仪"。"梦境盒子"是一个立方体形状的盒子，通过这个盒子，可以把卡片上的形象立体化，脱离手机操作，"AR 地球仪"则利用球面识别和跟踪技术，将平面化信息立体化展示以后，通过移动终端扫描得到更多信息。

在美术培养方面，国内很多 AR 公司都有儿童涂色的 AR 产品，幻实科技公司的"AR 棒棒涂色"将儿童涂好颜色的绘本进行扫描，可以出现立体的涂色的形象，并且支持大小缩放、旋转。苏州梦想人科技的《4D 童画绘本》也是 AR 涂色的产品，利用移动端设备，如手机、平板电脑等，安装"4D 书城"App 后，通过扫一扫就能让童话中的人物"活"起来，并结合语音讲故事、动画。新锐天地开发的"AR 学校"系列的"AR 涂涂乐"也是类似产品之一。此外，小熊尼奥公司的《神笔立体画》，视辰信息科技上海有限公司推出的"豌豆星球绘本""绘声绘色"，深圳氧橙互动娱乐推出的"魔法涂涂乐"，广州蜃境信息科技有限公司的"神笔画画"等都是类似产品。

在逻辑培养方面，小小牛公司的两款"谜镜"产品独具一格。"谜镜魔画"是纸张 + 平板电脑 App 的形式，绘画笔是特制的。打开"谜镜魔画"App，将纸张固定在平板电脑上，儿童在纸上任意画线条，身边的物品也可以替代线条，"谜镜魔画"App 里的动画小人就会按照儿童绘画的形状跳跃，遇见任何有线条的物品也会跳跃，这款游戏对儿童的几何逻辑的培养很有帮助。"谜镜快车"也是利用线条，让儿童完成迷宫的游戏。"谜镜"系列不仅给了儿童自我创作的空间，还允许将身边的一切物品带入并互动，是一款较有创新意义的 AR 早教产品。

在英语学习方面，深圳氧橙互动娱乐的"魔法水果英语"，也是采取卡片 +App 的形式，综合 3D 模型、语音的元素，将水果和英文字母结合起来，使儿童在学习的过程中关联记忆。

在动手能力培养方面，武汉秀宝软件公司的"拼图秀"就是一个将拼图认知融为一体的 AR 卡片系列，儿童将卡片拼好以后打开 App 扫描，就可以获得相应的动物模型。国内形成产品系列的 AR 早教产品有新锐天地的"AR 学校"，其综合了语言学习、艺术启蒙、科普百科、历史文化、游戏益智等内容，不过其表现形式还都是 AR 卡片的形式。青岛智海云天的"魔法涂涂"则是把涂色、认知卡片、4D 儿童故事绘本结合起来，打造综合体验的产品包，这些产品系列只是将各种不同形式的 AR 早教产品都放在一起，但没有技术、硬件上的突破。

2. 针对职业教育对象的 AR 教育应用

在职业教育中，学校侧重学习者的实践能力的培养，但是教学实践环境的搭建可能受经济条件的限制或者安全因素的限制。增强现实技术可以将虚拟的实践对象叠加在现实环境中，并能支持学习者操作练习，保障了学习者的安全，也能降低成本。例如，在学习有行业标准要求的技术领域中，若相关操作实验涉及执业规范，可在执业流程关键点上设置 AR 触发，不仅可以在正确操作过程中提示学习者注意该节点，还可以在学习者操作出现偏差时给出警报提醒。在职业教育领域利用这种实时触发的 AR 技术可以最大程度地在学习者学习阶段就为其建立相关职业领域规范的条件性操作反射，可以有效促进学习者结合相关背景理论知识对动作技能类知识的熟练掌握。

此外，增强现实技术在职业教育的设计、评估、装配环节都可以利用 AR 技术实现应用，不仅能够让设计方式更加便捷，还能够降低成本，如用于汽车的工业设计。Martín-Gutiérrez 等人利用增强现实技术教学内容三维展示的特点，为工科学生实践培训开发了一款 AR 应用，只需扫描书籍上的工程图形，就可以显示其三维立体模型，有利于培养学生的空间观察能力。

基于可穿戴 AR 设备的沉浸学习模式更适合于对动作技能类操作有较高精细需求的高级技能类职业培训。例如，在焊接专业中，可使用增强现实模拟设备来实现精细化焊接操作的演练，以提升学生实际焊接的技巧。这种沉浸式学习模式通常需要有可穿戴设备作为数据收集传递以及展示沉浸场景的载体，如头盔、眼镜以及传感器等。不仅如此，这种可穿戴设备并没有统一的软件平台，因此一套设备会包含软硬件价格，成本会较基于移动设备的非沉浸式 AR 应用昂贵许多。另外，技能操作虽具有连续性，但其也是由离散的独立动作组成的，因此完全使用可穿戴 AR 设备进行学习也是没有必要的。无论从成本角度考虑还是从需求角度考虑，基于可穿戴 AR 设备的沉浸式学习模式均不适用于以课程基础教学为目标的课堂教学中。使用可穿戴 AR 设备可针对以下两类学习目标进行学习 / 教学模式设计。

（1）在熟练基本操作的基础上，以提升操作技巧为学习目标。在这种学习需求下，可穿戴 AR 设备可作为技能进阶或高阶学习的辅助手段，以课后开放或有限课后开放的模式为学生辅助训练使用。在这种学习目标下，可穿戴 AR 设备可用于自学习模式，即在无教师干预且学生具有自我学习的动机的情景下，建立以可穿戴设备为核心的开放实验室服务。

（2）以满足操作规范和达到执业标准为教学目标。在这种教学目标下，获得执业相关资格是学习者的最终目的，因此对实际操作有严格规范和流程要求，通常发生在一门或一系列课程的结束阶段。教师可设计以项目任务为训练模式、可穿戴 AR 设备为相关过程关键点提示工具的个体化学习模式。在这种学习模式下，学习者一边操作一边回顾相关知识是不被允许的，因此使用可穿戴 AR 设备可保证学生即刻流畅操作相关动作，同时可获得关键信息的提示或警示。

3. 针对特殊教育对象的 AR 教育应用

特殊教育是对有特殊需要的儿童进行旨在达到一般和特殊培养目标的教育，中国实施特殊教育的对象主要是盲、聋、哑、智力落后以及有其他身心缺陷的儿童和青少年，设有盲聋哑学校、低能儿学校或低常儿童班、弱智儿童班以及工读学校等。增强现实技术能够综合很多不同形态的资源于一体，如视频、音频、链接等，可以实现增强感知的作用，可以帮助特殊教育对象弥补一些不足，帮助他们通过其他地方式感知这个世界。随着 AR 移动技术的发展，聋哑儿童更能够随时随地地利用增强现实技术进行倾听、交流。例如，可以将手语与文字、语言发音等连接起来，使学习者可以更便捷地进行学习。谷歌的 AR 头盔显示器就能够将声音信号转为文字和图像，为有听力缺陷的聋哑人士提供实时的学习机会，帮助他们解决实际的问题，提高他们自主生活的能力。

4. 不同教育对象的 AR 教育应用特性对比

增强现实技术的教学安全性给学龄前儿童提供了一定的安全保障，AR 早教产品都相对比较安全。学龄前儿童的教学需要简单有趣，要能吸引儿童的注意力，增强现实技术的三维展示功能将教学内容立体化，如 AR 认知卡、涂色卡的 3D 模型，儿童很容易被吸引。增强现实技术能够支持多种形式知识内容，也可以在帮助儿童认知的同时建立知识的关联，认知卡多数都会有双语、音频或者动画，可以给儿童提供更多的学习内容。对于职业教育对象来讲，增强现实技术的教学环境的真实性还原的特性为一些受客观条件限制而难以开展或危险性高的实验、培训等提供了逼真的模拟实验机会。对于一些学习过程中需要接受三维信息的学科，AR 技术起到了展示三维实体信息的作用，它可使学习者更为方便地获得立体化模型，为学习者打造连续性的学习体验。对于特殊教育的对象而言，他们因为本身的感官需要（缺少听力或不能说话等），需要在更多的环境里学习并运用知识，增强现实技术的环境普适性给其提供了很好的帮助，使得需要特殊教育的群体能够随时随地地进行正常沟通，适应社会，学到更多知识。另外，增强现实技术的安全性也给这些本身感官有缺失的群体提供了安全保障。

7.1.4　针对不同学科领域的 AR 教育应用

1. 数学

在早教、小学这些阶段，数学主要是以简单的算术、几何图形认知为主，而增强现实技术的互动性可以调动儿童的游戏兴趣，增加数学的趣味性。例如，韩国的一款 AR 数学游戏就在简单的数学教学中增加了 AR 互动，大大提高了学生的学习积极性，很受学生的欢迎，在众多的数学分支中，几何和函数都与图形图像的关系更密切：几何学对空间结构进行研究，重视平面立体的把控掌握；函数都能够用图像来表达。这对学习者的空间思维能力和探究能力的要求非常高。而利用增强现实技术的三维展示的特性会把抽象的空间几何图形与函数图像表达得更直观透彻，减少学生学习的阻力，提高其抽象物体的想象力。例如，日本有一款基于数学教科书的 AR 应用，就能将几何图形立体化展示，帮助学生梳理解题思路；在利用图像法学习函数的时候，学习者可以通过扫描函数去生成对应的函数图像，并进行多角度观察，也可以对着函数图像扫描生成对应的函数。这对学习者对函数的理解以及空间思维能力的提升有着很好的效果。

2. 化学

化学的对象是物质的分子原子结构、性质以及变化规律。物质的分子、原子结构很难用肉眼直接观测，物质存在于三维空间里，其结构也是立体的，增强现实技术的三维演示特性能够将物质内部组成的分子、原子结构形象立体地表现出来，并支持观察者 360° 全方位观察。化学的研究方法也是实验，实验中物质之间产生的反应也可以用增强现实技术的交互手段完成。

在原子结构认知方面，国外已经有了 Chemistry 101 这样的 App，用户利用移动设备扫描化学元素或者化学式的卡片来展示出 3D 分子、原子结构模型。Schell Games 等人研究的"快乐原子"项目面对的是初高中的教育对象，这个 App 支持学习者自己拆解拼合原子，并以平板电脑为硬件设备，扫描各种组成分子；在应用程序中，还可以显示出更多详细的分子信息。北京师范大学的学者蔡苏等人也设计了多个化学物质结构的卡片，学习者不仅能通过移动设备扫描出 3D 分子、原子结构模型，还能够通过交互指令将分子、原子结合。

3. 物理

增强现实技术与物理学科的结合是很紧密的。从研究对象的角度来讲，物理是研究物质的结构以及物质之间相互作用和运动规律的，增强现实技术的三维展示的特性可以清晰地表达物质结构，也可以利用增强现实技术的交互自然特点让学习者自主地探索物质之间的相互作用力，有助于学习者发现物质之间的运动规律。从研究方法的角度来讲，学习物理的基础方法是实验。实验的环境和器械以及实验的安全性都会限制教学条件，因此还有很多物理知识学习无法从学校里的实验做验证，增强现实技术能够打造安全的真实的教学环境，并能够支持实验所需要的交互结果，很适用于物理学科的教学。

在运动学与经典力学的物理教学方面，罗马尼亚的研究者将 AR 技术应用于机械运动模拟；弗吉尼亚理工大学的研究者也利用 AR 技术让学习者自己创建 3D 的物理力学模型，然后探索物质相互之间的作用。

在电磁学教学方面，西班牙的研究者开发出了一款基于移动终端的 AR 电磁学实验模拟软件，对于抽象的电磁场有了直观的教学，并取得了良好的效果。国内学者蔡苏、王沛文、杨阳和刘恩睿等人利用 AR 技术将磁场磁感线模拟出来，并且与微软的体感交互技术结合，学习者可以在虚拟的磁场中做一些切割磁感线的实验，有利于学习者对抽象的磁场规律的理解。

在实验室设备方面，增强现实技术能够将虚拟的实验设备运用于真实的实验场景中，不仅降低了学校实验室的采购成本，还提高了学习者实验的安全性。国内的蔡苏等人也有对 AR 实验的研究，他们将 AR 技术运用于凸透镜成像实验，这种实验对成绩较差的学生很有帮助。

4. 地理

地理的研究对象有地球表面的地理环境和自然、人文现象，学习地理环境受制于真正实地考察不能够很形象，自然现象的发生是有随机性的，这些现象都需要更直观地演示才能被学习者真正地理解。增强现实技术就支持教学内容的三维展示，这个特性为地理教学提供了很好的方式。

国外由 Hsiao 等人开发的 Weather Observers 是一款大气系统知识的 AR 教学系统，实验证明，其对地理教学有很好的效果。系统包括多种教学场景：

教室、家庭、博物馆。在教室中，学生可以自己将不同的元素扫描组合，得到不同的天气系统；在博物馆里，学生可以通过移动设备扫描天气因素图片，获得 3D 立体模型。

国内的济南爱不释书数字技术有限公司制作了初中地理课件的 3D 内容，以书本 +App 的形式展现。青岛景深数字技术有限公司将增强现实技术与地理期刊结合，使关于火山的描述更加明晰，读者可以对火山的外貌以及爆发的全过程有一个直观的了解。

5. 生物

生物学科的研究对象是生物的结构、功能以及其发展的规律，而生物的机体结构的展示可以通过增强现实技术的三维模型实现，并且增强现实技术支持多种资源的同步展示，能够帮助学习者更详尽地掌握知识点和建立知识关联。英国的专科学校在联合会做出声明，生物课上使用增强现实技术展示 3D 人体器官的教学效果很明显。国内的济南爱不释书数字技术有限公司也将 AR 技术融入初中生物课件，学生可以通过移动设备下载 App，扫描教科书，获得 3D 的模型以及相关讲解。梦想人科技的 4D 梦想课堂也有类似的生物课件。

7.1.5 增强现实技术在教育游戏上的发展

随着计算机图形等技术的突破、移动智能手机的普及以及应用程序的发展，增强现实技术的应用越来越成熟且简化，并逐渐演变成为核心角色，在诸如医药研究、军事演习、维修、娱乐等多个领域广泛应用，目前也开始逐渐向教育领域延伸。

教育游戏是一种新型的教育方式。随着增强现实技术在教育领域的应用越来越多，教育游戏运用于教学中的研究也随之增多，该技术与教育领域相结合也带来了诸多优势。

1. 达到原本无法达到的学习状态

借助计算机软件模拟现实生活中难以接触到的事物，通过精良的设计，以多种媒体方式表现教学内容，能够直观易懂地阐述知识，如模拟太阳系帮助学生了解宇宙等。

2. 创建探索型教育理念

由于增强现实技术是在现实的场景中生成虚拟的物体或环境，可以呈现现实中看不到的部分，因此学生利用融合增强现实技术的软件进行扫描来补充完成整个学习过程也是一个探索的过程。

3. 提升交互性，激发儿童兴趣

传统教育游戏表现形式单一，甚至被当成一次性消费品。与传统的静态教育方式相比，增强现实教育形式提供了更多的拓展空间，具有更大的吸引力和可玩性，有利于激发儿童对教育内容的兴趣。对新式教育教学方法的探索将 AR 技术与传统教育相结合是一种趋势的尝试，随着软件硬件的提升，其应用范围必将更加广阔。增强现实技术在教育游戏上应注意以下几点。

第一，教育游戏的对象主要集中在低年龄段儿童，设计游戏的主要目的是为儿童普及知识而不是单纯地增强游戏玩法。

第二，一般的增强现实教育游戏需要购买配套丛书或卡片才能扫描显示内容。例如，"AR 涂涂乐"就需要结合卡片一起使用。

第三，游戏的教学内容有时集中在某一类领域，没有完整设计的教学内容，不利于儿童全方位地学习科学知识，需要寻找其他方式获取其他领域的知识。目前，市场上很少有基于学生教材设计开发的教育游戏，教材是教育部按照课程标准要求编写的教学用书，内容科学严谨，符合学习者年龄特征和身心发展规律，所以基于教材内容来开发相应的教育游戏将会更加科学。

第四，有些科学类的教育游戏设计和互动缺乏新意，大多是单纯的动画结合，故事内容枯燥单一，并且与增强现实结合的占很少数。

第五，目前，有些增强现实游戏推广较好或玩家较多的游戏一般是利用地理定位信息实现开发的，如"Pokémon Go"，但是它们缺乏教育意义。作为一种能够提升教育和游戏的交互感、沉浸感的新型数字技术，其创设的虚实融合沉浸氛围的功能为教育游戏的设计提供了新的可能。由于目前的教育游戏、AR 游戏或多或少都有缺点，因此基于增强现实技术，结合儿童的特征，在儿童安全教育上的游戏研究还很少，还有很大的尝试和开发空间。

目前，已研发的增强现实教育游戏大致可分为两类：基于场所的增强现实教育游戏（place-based educational augmented reality game）与基于视觉的增强现实教育游戏（vision-based educational augmented reality game）。

（1）基于场所的增强现实教育游戏。基于场所的增强现实教育游戏是指在特定场所中进行的，运用带 GPS 功能的手持设备叠加显示附加材料（包括文本、视音频、三维模型、数据等）以改善用户体验的教育游戏。该类游戏借助参与者与（场所）环境间的情感及认知联系，促使其解决复杂问题，获得相关经验。目前，基于场所的增强现实教育游戏的主要应用领域有以下几个：第一，科学教育，如疯城之谜（vad city mystery）等；第二，历史教育，诸如重温独立战争（reliving the revolution）、1967 反陶氏化工运动（dow day）等；第三，环境教育，如环保侦探（environmental detectives）等；第四，综合能力培养，如接触外星人（alien contact!）等。

①接触外星人（alien contact!）。雷德福大学 Matt Dunleavy 等与麻省理工学院、威斯康星大学的同事合作研制了"接触外星人"（alien contact!）增强现实游戏，旨在培养初中及高中学生的数学技能、语言艺术、科学素养等。该款叙事驱动的探究式游戏，采用戴尔 AximX51 掌上电脑（内置 GPS）作为硬件基础。学生手持 Axim X51，在物理空间中（如学校操场）走动。Axim X51 上的数字地图（与物理空间关联）标有虚拟物体及人物的具体位置。当学生接近虚拟物体或人物时（识别半径为 9.14m），AximX51 内置的增强现实软件将在现实场景的基础上叠加显示该虚拟物体（或人物）、视音频信息、文字信息，以提供叙事、导航、协作的线索及学业挑战。

游戏的基本情节如下：外星人已登陆地球，正在准备进一步行动，可能的行动选项包括和平接触、侵略、掠夺或者直接返回。学生（每四人为一组）需要与虚拟人物进行对话，收集虚拟物体，解决数学、语言及科学难题，以确定外星人的动向。每个小组的四位成员分别扮演化学家、密码学家、电脑黑客、FBI 特工角色。每位学生根据自身的角色，接触不同的、不完整的证据信息。为了解决各种难题，学生必须与队友分享信息、进行合作。例如，当接触外星人飞船残骸（虚拟物体）时，小组的每位成员都可获得与残骸尺寸测量相关的信息（但各不相同，且不完整）。若成员之间不进行协作、不分享信息，则该小组将不能解决问题，也无法进入下一阶段。

这款游戏在设计之初即为定制预留有空间，教师可根据学生的学业水平，从不同科目（数学、英语/语言艺术、科学、社会学、历史等）或热点时事（能源危机、石油短缺、核威胁、文化差异）中灵活地选取学习材料。

②疯城之谜（mad city mystery）。疯城之谜是一款增强现实科学教育游戏，由威斯康星大学麦迪逊分校教育学院 Kurt D.Squire 团队研发。游戏以虚

构人物 Ivan 的神秘死亡事件为线索，参与者需要询问相关人员（虚拟人物），收集各类数据，调阅政府档案，进而分析 Ivan 的死亡原因并形成调查报告。

疯城之谜选在麦迪逊分校附近的门多塔湖湖滨进行。作为城市的集水区，门多塔湖已被肥料、农药、工业废弃物污染，但附近的低收入居民仍然捕捞并食用湖中的鱼类。

在游戏中，参与者可选择扮演医生、环境专家、政府官员等角色。每种角色的能力不同，所接触到的信息亦不同。比如，只有医生可以获得人物的病历。游戏设计有支持协作的触发事件。例如，医生在查看由环境污染引起的疾病病历时，需要政府官员提供相应的环境污染物监测报告。

疯城之谜的挑战在于与虚拟人物进行会话，并对会话加以分析。游戏参与者手持移动设备，根据地图指示接近人物所在位置。此时，移动设备内置的增强现实软件将在现实场景的基础上叠加显示该虚拟人物，并允许参与者与之进行交互。会话将提供 Ivan 的生活方式、朋友、家庭、工作、当地气候及污染物等线索。新的线索亦将不断出现，如 Ivan 同事的病历等，以验证或推翻先前的假设。实验研究结果表明，该款游戏可促进学习者探究能力及科学论证能力的培养。

（2）基于视觉的增强现实教育游戏。基于视觉的增强现实教育游戏是指在室内环境中（特殊情况也可在室外）进行的，运用标记标识扩增内容（包括文本、视音频、三维模型、数据等）并可叠加显示在现实环境中以改善用户体验的教育游戏。目前，基于视觉的增强现实教育游戏的主要应用领域有以下几个：第一，传统教育游戏的增强现实版本，如"认识濒危动物"游戏等；第二，利用增强现实技术特质开发的学科教育游戏，如"理解库仑定律"游戏等；第三，利用增强现实技术特质开发的特殊教育游戏，如 Gen Virtual 等。下面重点介绍几个。

① "认识濒危动物"游戏。巴伦西亚理工大学自动化及计算机学院 Juan 等研制了一款趣味增强现实教育游戏——"认识濒危动物"。该游戏使用三个立方体作为用户界面。其中，中间的立方体贴有两个标记（在相对的两面，分别贴有 A 与 B），右侧的立方体贴有四个标记（在连续的四面，分别贴有 1、2、3、4）。游戏的流程如下：

第一，游戏系统语音提示某种濒危动物的名称，幼儿使用中间及右侧立方体逐一组合（共计八种）。幼儿佩戴头盔显示器，可实时观察与各组合相对应的濒危动物图片。若幼儿认为某一组合所对应的濒危动物图片与语音提示名称相符，则将左侧立方体"★"一面朝上放置，以示确认。

第二，若幼儿组合正确，游戏系统将询问幼儿是否要了解关于该动物的更多信息。若幼儿确认需要，游戏系统将叠加显示介绍该动物习性及其濒临灭绝的原因的相关视频（幼儿可随时翻动左侧立方体以结束视频播放）。

第三，若幼儿组合错误，游戏系统将叠加显示与错误组合相对应的濒危动物名称。

第四，游戏系统询问幼儿是否继续游戏。若幼儿确认继续游戏，游戏系统将重复上述过程。

第五，游戏结束后，系统将显示幼儿的得分。

Juan 团队在对巴伦西亚理工大学暑期学校的 46 名儿童进行对照实验（"认识濒危动物"趣味增强现实教育游戏，即该游戏的常规版本）后认为，增强现实教育游戏更受儿童所喜爱，其教学效果更佳。

② "理解库仑定律"游戏。智利天主教大学计算机系 A.Echeverria 和 C.Garcia-Campo 等设计开发了一款教室增强现实游戏实例，用以教授学生有关静电学的基本概念（主要内容：库仑定律）。该游戏的学习目标包括以下几个：第一，理解正电荷、负电荷、不带电粒子的概念；第二，理解电场力与电荷之间距离呈反比例关系；第三，理解电场力与电荷强度呈正比例关系。

在游戏中，学习者使用虚拟电荷，通过电场力作用，移动带电粒子（图中的晶体），避开障碍物（图中的小行星状物体），最终通过门户（图中的圆环状物体）。虚拟电荷由掌上电脑标识，随掌上电脑的移动而调节其与带电粒子之间的距离及相对位置。虚拟电荷的激活/停用、极性及强度则通过游戏面板加以控制。

游戏过程分为两个阶段。在第一阶段，学习者需要完成一系列任务。由教师先行介绍相关概念，进行示范操作，之后再由学习者动手实践。待所有学习者均完成该项任务后，由教师引导学习者继续完成下一项任务。在第二阶段，系统将随机选取三名学习者组成游戏小组，通过小组成员间的协作完成复杂操作。

③ Gen Virtual。Gen Virtual 是一款增强现实音乐教育游戏，由圣保罗大学集成系统实验室 Ana Grasielle Dionisio Correia 领衔的团队研发，旨在帮助学习障碍者掌握音乐演奏技能并改善创造力、注意力、记忆力（存储与检

索）、听觉与视觉感知、动作协调等能力（即音乐治疗）。

Gen Virtual 使用 12 个标记代表 12 个音符（原因是演奏流行音乐或治疗专用音乐需要 12 个音符），每个标记被叠加显示特定颜色的立方体，在游戏中，参与者通过用手遮挡标记实现与 Gen Virtual 的交互。当某标记被遮挡时，游戏系统将记录该标记所代表的音符。待参与者与 Gen Virtual 的交互结束后，游戏系统将逐个播放其所记录的一串音符，以形成一段曲调。

增强现实教育游戏实例的使用测评表明，该类游戏具备诸多应用优势，可应用于情境学习、协作学习、自主学习等多种形式的学习活动中。

7.2　增强现实技术在农业上的应用

农业科学研究人员通过研发高新技术，不断推动着中国农业的发展。随着植物建模、导航信息技术、三维立体图形制作等技术的发展，增强现实技术已经应用到了植物生长模拟、农业展示、观光农业、农业科普和农业生产等农业领域。虽然增强现实技术在该领域的前期发展缓慢，但随着计算机和互联网技术的不断发展，日益成熟的增强现实技术必将在农业中得到广泛应用。

7.2.1　植物生长的模拟

在植物生长的真实模拟过程中，植物学理论的应用尤为重要。为了满足现阶段数字化农业的发展需要，研究人员需要建立一套良好的虚拟植物生长系统，对农作物产量进行预测，对土地潜在的生产能力进行评估，对农民的农作物栽培技术进行指导。将利用增强现实技术建立的虚拟植物生长系统应用在农业领域，研究人员就能够可视化地进行农田试验研究。例如，模拟研究植物在水肥、种植的疏密、光照、气温等不同因素条件下的生长数据，对影响植物生长的相关因子进行有效的数据分析，为农民的农业生产提供可靠的数据依据。利用增强现实技术建立的虚拟植物生长系统模拟害虫在农作物中的生长、隐藏和发作的规律，有利于人们寻找到预防、消灭害虫的方法，这样可以降低农作物的经济成本并保护环境。虚拟植物生长系统还可以运用到农作物育种方面，通过模拟培育种子的生存条件，分析育种过程中的采样数据，为培养抗病害能力较强的农作物品种提供技术支持。

7.2.2 农业科普教育

科普教育通过多种手段让更多的人了解和掌握科学知识及科学技术，进而尊重科学、热爱科学，最终提高全民的素质。只有发展科技和教育，才能使农业资源优势向商品优势转变，才能促进传统农业不断向现代农业转变。因此，农业的发展和提高离不开科技的推动，离不开科普工作。随着农业的发展和科技的进步，增强现实技术开始不断地应用到农业科普教育工作中。

利用增强现实技术制作的科普教育系统是一个将科普相关文字、图片、其他信息制作成三维立体图像和动画的系统，此科普教育系统使科普教育宣传的展现形式更加全面、清楚，并具有一定的娱乐性。科普教育系统集合了文字、图片、影像、互动等多种媒体的跨媒介融合。一方面，能够为使用者带来丰富的多层次体验，使使用者对农业相关知识的了解更透彻、记忆更深刻；另一方面，静态与动态甚至交互信息的结合也能给使用者带来一定的娱乐性，进而使其有兴趣继续学习下面相关的科普知识。科普教育系统可以通过设备扫描植物图片来显示植物的相关介绍，比翻阅纸质科普读物要方便快捷。比如，体验人员使用安装增强现实系统 App 软件的智能手机，通过拍摄捕获一枚玉米，就可以在手机上看到玉米在农田中的生长场景、玉米品种和生长特性以及抗病虫害特性的文字介绍等。

7.2.3 观光农业

观光农业是旅游业发展的新领域，也是农业发展的新途径，但由于广告宣传不到位、观光园选址偏僻、农作物的季节性变化，观光农业的发展受到了一定的限制。随着网络时代的到来，现有的观光农业园的旅游模式已经不能满足人们的需求，部分网络爱好者和不便户外运动者需要在网上体验观光农业园的风景。随着地理信息系统软件、多媒体技术、三维可视化、互联网、增强现实技术等技术的不断发展，计算机已经可以将三维空间实体、三维地理环境等以虚拟现实的形式表现出来，在计算机终端产生交互式的三维漫游、三维动画、动态仿真等，这进一步促进了虚拟旅游业的发展。

利用增强现实技术可以将观光农业园相关的景点制作成互动的虚拟现实场景，形成虚拟观光系统，通过虚拟显示设备，游客可以看到观光农业园的三维立体场景。在旅游过程中，游客还可以收到图片、文字和音频等相关资料。游客通过虚拟观光系统可以游览观光不同季节的生态景观。在虚拟观光系统中，旅游者的视角不受限制，能够看到传统摄镜头的角度不能拍摄到的虚拟出来的景象。

7.2.4　农业生产

利用增强现实技术设计的系统可以根据地理信息对影响植物生长的参数（温度、湿度、光照、地理位置等）进行测量。研究人员将植物的种植数据显示到计算机上对三维可视化的数据进行系统分析，得出有利于植物生长的相关数据。

增强现实技术在农业领域中的应用有巨大的研究价值和使用价值，有利于跟踪农作物的生长过程，增强农作物生长的展示效果，促进旅游农业和农业科普教育的发展，具有明显的社会效益。随着科学技术的发展，增强现实技术在农业方面的应用将会更加广泛。

7.2.5　农产品展示

利用增强现实技术开发的农业展示系统可以存储和展示与农业相关的数据信息，如农田名称信息、农田渲染图像信息、农田位置信息等。用户在农业展示系统输入相关信息，就可以将数据库中农作物的相关数据，如品种、种植密度、生长周期等图像信息渲染到显示设备上，所有人都可以非常方便地查看农作物的相关信息。

农业展示系统利用图像扫描设备对农作物或农产品的自然特征进行跟踪扫描，经过农业展示系统图像识别和数据分析处理，农作物或农产品的图像信息就能够在影像显示设备上显示出来。比如，使用安装增强现实系统 App 软件的智能手机扫描鸭梨或者鸭梨的图片，手机屏幕上就能够显示鸭梨的影像和语音介绍该鸭梨所具有的口感、食用方法等。

7.2.6　农产品互联网营销

虽然增强现实技术发展得较早，但是在农业中的应用发展比较缓慢，直到近年来随着计算机技术与移动硬件的迅速发展，增强现实技术在农业应用领域才出现了突飞猛进的发展。例如，2012 年，在北京举行的第七届世界草莓大会上，来自北京农业信息研究中心的研究者利用 D'FusionAR 技术针对青少年设计了"我的农场种草莓"游戏，让青少年在娱乐中学习了解了相关草莓的知识，同时也展示了我国栽培的优质品种草莓，得到了观看者的一致好评。由此可见，增强现实技术在农业中的应用还涉及教育、娱乐、产品展示等方面。

在 2015 年的百度世界大会上，百度就已试水 AR 营销，百度与乳业巨头伊利战略合作，尝试了基于 3D 视觉为核心的移动端增强现实技术，首次将增强现实技术在国内与农产品营销相结合。用户可通过手机扫描伊利牛奶包装盒，进而查看牛奶生产等信息，并可在线参观牧场、报名参加活动，这一营销内容上线一个月便实现了 3 亿的曝光量，3 300 万用户参加活动，人均页面浏览量达到 7 ～ 13 个。它们两者间的合作主要体现在三个方面：一是借助百度百科全景技术，帮助伊利实现全球产业链透明参观。二是以多模交互、3D 视觉为核心的移动端 AR 技术为消费者提供精致有趣的互动体验。比如，用户只需对伊利纯牛奶包装盒进行拍照，即可参观伊利全球产业链的各个环节。三是百度智能硬件融入伊利线下参观体验环节，利用诸如"智能眼镜"和"空气盒子"等智能硬件，帮助用户深度参观伊利的绿色产业链。

然而，营销本质就是与消费者沟通，最终达到拉近心理距离、缩短决策路径、增强消费体验的效果。伊利增强现实的例子正是拉近了消费者和生产环节的距离，尤其在农产品的加工生产领域，消费者鲜有能够感知与体验的机会，在增强现实技术的帮助下，消费者将对保障性农产品的消费更加直观、更加放心。

除了农产品生产及加工环节的体验外，物流作为保障农产品新鲜及快速运达的重要环节，也可与增强现实技术相结合。而超市又是农产品销售的重要场所，因此下面我们将以一个超市为例进行介绍。

例如，中国电商 1 号店的举动告诉我们，虚拟界面也并不局限于家中。每一家超市将会有一块约 1.2 平方米的货架，设置在"空白"的公共区域（如火车车站或地铁车站，公园或大学校园）。裸眼看去，其只是空荡荡的货架和墙壁，通过 AR 设备看到的则是完整的一个超市，货架上堆满了数字形式的真实商品。用户只需通过移动设备扫描商品，添加到网络购物车中，即可完成购买。AR 购物完成后，用户会在家中收到配送的商品。这个概念类似于韩国地铁站里基于二维码的乐天超市，但得到了 AR 技术的增强。

随着科技的不断发展，增强现实技术将不断创新、不断发展，逐渐应用于农产品的体验及推广中，造福于农业生产及营销等领域，在未来全新的农业"视"界正随时等待着被开启。

7.3 增强现实技术在商业营销上的应用

7.3.1 增强现实技术在商业营销领域的应用情况

随着近几年 AR 技术在商业营销领域的快速发展，很多国际大型企业都做出了各自针对自身产品特点的 AR 营销广告的尝试。例如，可口可乐、宜家、菲亚特、谷歌、Lynx 及哈根达斯等纷纷采用 AR 广告系统来推广自家的产品或服务。目前，由于技术的限制及专业的 AR 智能设备的普及度较低等原因，国外 AR 广告的传播载体主要是用智能移动端及营销活动的商家提供的可进行人机互动的增强现实设备来进行交互体验。基于智能移动端为载体的 AR 广告是目前 AR 广告传播的主流形式，其中原因主要有两点：第一，手机及智能端已经能够基本上达到 AR 广告实现的基本要求，且可随身携带，不受时间、空间的限制；第二，手机及智能移动端设备在当今社会中已经大量普及，逐渐成为了人们日常生活中不可缺少的一部分，为 AR 广告的全民化传播奠定了基础。目前，基于智能移动端的 AR 广告涉及的理念主要有娱乐性理念、功能性理念及二者的结合，每种不同的应用理念都有其所针对的受众心理或生理的需求层次，从而吸引受众产生主动参加、主动分享的传播行为，使商业广告传播范围和传播效果得到进一步提升，产生大量的购买行为。例如，可口可乐、宜家、哈根达斯三家借助智能移动端为载体的 AR 广告都获得了很好的效果。

7.3.2　增强现实技术应用在商业广告的案例

基于商家 AR 增强现实设备的 AR 商业广告案例多应用于现场商业营销活动及公共领域的广告投放，其主要是因为此种应用形式多采用大型的具备增强现实功能的显示设备、专业的处理器和较大的显示设备，几乎可以实现虚拟信息和部分现实环境的一比一的比例融合并表现出来，相较于移动端智能设备，其能得到更加逼真的体验效果。在使用过程中，多采用情景触发的技术形式来展现 AR 广告的效果。

英国凌仕公司（Lynx）为了体现其香水"难以抗拒的香味"，应用了 AR 技术在伦敦维多利亚火车站中为"AngelAmbush"这款香水开展了广告营销活动，只要路过的人站在贴有标记的地板范围之内，抬头看前方的大屏幕，就可以看到屏幕中的自己刚好和"从天堂降临人间"的天使站在一起，给受众带来了天堂般的惊喜体验。在这场活动中，人们自发地围观，并拿出手机和"天使"合影并分享。凌仕公司的 AR 广告形式是基于现场商业营销活动将自身主题品牌广告通过 AR 广告系统形式创新地表现出来，让受众在与 AR 广告惊喜的互动体验中感受到了凌仕公司所要传达给受众的广告信息。

7.3.3　增强现实技术在国内商业营销的案例分析

国内基于智能移动端为载体的 AR 商业营销影响力较大、较为典型的有支付宝、可口可乐及爱奇艺等公司。例如，从 2016 年至今的春节期间，支付宝公司都会开展 AR 扫五福活动，用户用手机摄像头扫描任何一个"福"字，就有机会集齐五种福字，从而赢取支付宝公司发放的春节红包，这也是让 AR 技术在中国家喻户晓的一项商业活动。其目的在于扩展和巩固支付宝应用的客户存有量。尽管在视觉效果上仍然是简单的效果叠加和标识识别，但由于与我国传统风俗文化紧密地结合在一起，从而获得了广大支付宝用户的情感认可。在 2016 年 8 月份里约奥运会期间，在天猫超级品牌日上，可口可乐公司开展了一次游戏式的 AR 广告，用户被告知打开天猫 App 相应的界面用手机摄像头扫描身边的可口可乐商标，就可以根据提示做出手势和现实环境中叠加的 AR 动画进行实时的交互行为，参与广告商发布的 AR 小游戏，就有机会获得可口可乐公司提供的精美礼品。活动首日，可口可乐天猫旗舰店的访问量环比增长 1 500%，其中 95% 的流量来自移动端。2017 年，爱奇艺视频为了推广综艺节目《姐姐好饿 2》，采用 AR 技术与公交候车亭广告屏进行融合。当屏幕上的摄像设备识别到候车亭有人的时候，就会将小 S 的形象叠加于公交候车亭的周边环境，并通过广告屏显示出来这种广告形式在群众之间引发了围观与分享。根据爱奇艺官方数据统计，此次 AR 广告的传播效果非常成功，《姐姐好饿 2》综艺节目的首期播放量超过 5 000 万，微信端、微博端等国内主流社交媒体的转发及阅读量也达到了空前的热度，可以说这次全新的 AR 广告推广形式给予了用户愉悦的广告氛围和深度的参与感，是《姐姐好饿 2》综艺节目成功的重要因素之一。

7.4　增强现实技术在公共安全上的应用

7.4.1　AR 在公共安全领域的主要应用场景

1. 指挥调度

AR 远程协作系统结合地理位置信息，可提高协同指挥的作战效率。现场执勤人员佩戴 AR 智能眼镜，就能以第一视角为指挥中心直播现场画面，可以实现远程实时扁平化的指挥调度，提升执法效率。

当执法现场遇到突发情况时，现场执法人员可与指挥中心专家进行实时互动，专家可以结合执法现场情况和视频云平台以及大数据中心平台的数据分析进行实时的警情研判，并直接给一线人员标注、发布直观的指挥调度信息。

而在与无人机配合后，可形成"天地一体"的全视角指挥，指挥中心实时根据被 AR 标注增强后的实景情形进行指挥和人员调度。

2. 身份核查

借助 AR 眼镜和大数据后台，现场执法人员可快速对目标进行实时的识别、检测、跟踪、抓拍，提取特征值上传到后台（本地＋云端）进行大库检索，如有异常，则及时做出报警提示。例如，在高速卡口、"三站一场"等地，可对来往人员及车辆进行识别，判断是否为重点人员。

在疫情防控期间，这一场景也得到了延展，除在道路交通防控卡口使用外，学校、社区、园区等机构单位也借助该系统建立管辖区人员档案，追踪人员活动轨迹，排查密切接触史，从而快速、智能地做出决策。

3. 执法记录

AR 设备，特别是 AR 眼镜具备第一视角、解放双手的天然优势。在执法过程中，开启执法模式即可实时记录采集整个执法过程信息，同时自动上传至云端数据管理平台，便于数据的统一管理与追溯。

4. 协防布控

AR 系统可与其他数据系统进行实时联动，精确管控任务进程，当发现有异常情况需要协防布控时，可在管理后台发布布控任务，并指派给相关人员，建立快速防控协作机制，就近指挥、实时布控、快速处置，提升安全管控能力。

5. 视频增强

基于 AR 技术，人们能对监控场景进行丰富的信息标注，实现静态背景的结构化，方便视频数据提取和分析，同时其也具有空间位置、姿态感知能力等功能。AR 监控可实现对城区空间领域的立体化监控扫描，利用视频联动技术调度、联动已有的低点监控摄像机，可形成高低交错、远近结合的全方位立体实景监控体系。

6. 工业仿真

工业仿真系统不是简单的场景漫游，是真正意义上用于指导生产的仿真系统，它是结合用户业务层功能和数据库数据组建的一套完全的仿真系统。工业仿真所涵盖的范围很广，从简单的单台工作站上的机械装配到多人在线协同演练系统。用户可以通过互联网及时对产品的外观以及装备进行详细的了解，还可以对产品的部分外观进行自定义查看。在工业开发与用户体验的结合处，寻找一个最佳的契合点，有助于发挥安防产品的最佳功能。

随着技术的发展，世界上一些大型企业广泛地将增强现实技术应用到工业的各个环节，对企业提高开发效率，加强数据采集、分析、处理能力，减少决策失误，降低企业风险起到了重要的作用。而公共安全产品利用增强现实技术使安防产品的设计手段和思想发生了质的飞跃，更加符合社会发展的需要。可以这样说，在工业设计中，应用虚拟现实技术是可行且必要的。

7.4.2　AR 在公共安全领域的应用现状

1. 园区社区非接触式测温

非接触式 AR 眼镜测温方案主要为了协助抗击新型冠状病毒疫情防控，以安全、高效、智能的方式对高温人员进行排查，有效减少人员扎堆。

园区社区工作人员佩戴 AR 眼镜以第一视角进行非接触式测温，3 米外眼镜端实时呈现人体温度，超过 37.3℃则触发报警。测温准确度为 ±0.3℃，工作人员可以设置多级报警。

目前，该方案已在全国多个园区进行落地使用，如上海虹口区 1929 园区、浦东新区金桥管委会、东方万国企业中心等。非接触式测温与人员信息核查的结合提升了"复工潮"疫情防控工作的效率，便于复工后园区社区人员流动的高效管理。

2. 云眼智识联合作战系统

云眼智识联合作战系统基于增强现实、人工智能、大数据分析等技术，搭载 AR/AI 智慧云平台，协助公安实现了智能高效的人员核查、指挥调度、布控协作、员工管理等，打造了一条多方位、多维度、立体化的深层次感知预警防线，建设了智慧机场安防新业态。

该系统以 AR 警务眼镜的运用为亮点，可实现警务工作中的信息智能感知、实时采集、快捷传输等功能，且配备 4G 全网通移动通信功能、支持数据加密卡专网通信，佩戴轻稳，适合警务人员长时间地进行移动执法工作。

3. 天地一体 3D 立体防控系统

天地一体 3D 立体防控系统将警用无人机与实战需求相结合，运用增强现实技术和计算机视觉识别技术，实现了空地一体化的战术定位指挥互动，在无人机平台上建立了完整的前端指挥平台。

系统构建了统一的指向性信息现实标准，实现了无人机视频校准叠加，同时支持在视频上进行标注，实现了信息联动，突破了空地行动的视觉限制，为地面行动提供了明确的指引。在警务工作中，无人机飞手、执勤警员、后台指挥人员三方信息快速共享，高效协同作战。

该系统已辅助广州市天河公安局警员进行侦察、追踪、协调指挥等工作，如在登革热感染出现期间排查辖区内屋顶积水情况。同时，该系统可应用于群众大型活动安保，在人员密集的活动中和相关区域，排查异常人员，灵活处理突发情况。

4. 移动式 AR 智能核查布控协同执法系统

该系统以穿戴式移动查控 AR 智能终端为前端设备，以基于第一视角视频实景交互的 AR 融合指挥调度系统为应用软件，以人脸识别和大数据为云端数据智能技术支撑，并综合利用动态图像采集、图像智能处理、移动通信、音视频多媒体，以及分布式部署等科学技术，结合新一代移动警务平台，实现了移动执法过程中目标智能检测、识别、预警，以及多方协同扁平化、可视化指挥调度。

此系统主要适用于执法人员日常巡查移动执法和各类重大安保活动多人协同执法，可满足执法人员对于城镇人流量密集处（如地铁站、高铁站、机场、景区、劳动密集型厂区等）、卡口、重点区域等不同场景的移动核查布控和协同指挥调度业务需要。

5. 固移结合的全场景 AR 信息融合协防系统

方案应用 AR 和人工智能等创新技术，基于高点摄像头和无人机高空视角，联动地面固定点位摄像头的实景视频，进行信息展示和指挥调度。这是一种更加有效、更加直观的模式，特别是在可视化合成作战指挥、智能追踪等方面，显示出其巨大的实战优势，相比基于 GIS 的指挥调度系统，其具有更强的临场感、全局感、实战感。

系统主要功能包括以下几个方面：车辆、人员的巡逻线路规划、监督；作战任务现场指挥的规划与计划制定；对视野内的建筑物、关键装置、地理信息、环境信息等进行识别与标注；对视野内突发人员聚集、快速移动、车辆异常等识别与检测；对视野内的警员、车辆等作战单元的识别与标注；对城市级多种信息的整合、监控、预警、提示等。

该方案主要应用于城区安全、园区安全、重要区域安全、人流密集区、大中型商业区、大中型活动区、重要交通节点等空间安全监控管理。

AR 技术在公共安全信息化智能化建设方面有着极大的潜力，未来将与更多应用场景结合，如应急、防疫、联防等领域。同时，随着 5G 网络逐渐趋于商用，下一代网络与 AR 技术相融合，公共安全领域也将有机会打造更为强大的应用平台，将更多的先进成果应用到实践中去。

7.5 增强现实技术在博物馆和体育馆中的应用

7.5.1 增强现实技术在博物馆中的应用

1. 增强现实技术与博物馆展示结合的优势

从游客需求来看，把增强现实技术运用在展示博物馆中是符合人们的需求的。单调的展示手段让游客索然无味，也让博物馆教育职能得不到体现，博物馆需要采取更新颖的展示方式去吸引游客，从而让游客主动学习。增强现实技术与博物馆展示结合一定能够吸引观众，让观众在好奇心的牵引下完成整个展示的体验，从而更好地展示想要传播的文化知识。

从增强现实技术的特征来看，它与博物馆展示结合是具有一定优势的，能够加强展示信息的表现效果。增强现实技术的三大特征是虚实融合、实时交互性和三维注册。其中，虚实融合是指把虚拟模拟的信息叠加到真实场景里面，从而达到一种沉浸式的交互体验，能够让用户看到更多的信息。不难发现，众多博物馆展示普遍存在的一种现象就是展示内容不够直观。大多数游客的参观只是走马观花，有时候对复杂的展品信息理解不了或者印象不深。博物馆中关于瓷器的展示大多局限在一维的展示，展示的信息都是平面的，而且内容都是通过文字表述（橱窗里面的文字说明）的，虽然有时候也会使用视频展示，但是一遇到内容和结构比较复杂的展品，传统的展示就很难说清楚了。例如，对于一件内部结构复杂的瓷器，由于它不能被人们直接接触，用文字说明或者二维视频介绍它的用途其实是很难直观明了的，观众也很容易失去继续观看的耐心。随着社会的进步，我们开始进入多维度感官体验的时代，用户获得信息的手段日新月异。我们可以使用增强现实技术，通过三维技术把展品虚拟仿真出来，再叠加到真实场景中进行实时交互，使用户宛如把展品拿在手上把玩一般，从而达到直观的表现效果。这就是增强现实技术与博物馆展示结合的优势。

从情感设计的角度来看，增强现实技术带来的交互体验能够满足用户的情感需要。美国的唐纳德·诺曼在《设计心理学 3——情感设计》一书上说道："人类的大脑活动分为三个层次：先天的部分，被称为本能层次；控制身体日常行为的运作部分，被称为行为层次；还有大脑的思考部分，被称为反思层次。"这三个层次在人类机能中起到了不同的作用，能够引起人们不同的享受。女性看到漂亮的首饰会心花怒放，这是因为当她们看到泛光和精致的首饰而且感受到它们舒适的质感时，最基本的本能层次做出了愉悦反应。人们使用锋利的刀具将砧板上的肉剁开并切块，这种是涉及使用高效的工具顺利完成任务所产生的愉悦，这种愉悦是来自行为层次的享受。人们思考一部艺术作品所获得的快乐则是来自反思层次的享受，需要进行诠释和分析。游客在博物馆观赏瓷器文物展示时，瓷器华丽的外表、细腻的陶瓷质感可以引起游客审美的享受，这是本能层次带来的愉悦感，但是文物和游客之间被玻璃橱窗隔着，这时游客是得不到行为层次的满足感的，他们更渴望能够把展品捧在手里自由地欣赏。行为层次的不满足感与本能层次的愉悦感就会产生冲突，又或者产生一些负面的感受。众所周知，当人们处于正面的情绪状态时，传导神经元会使肌肉放松，使大脑拓展思路，随时准备接受正面情绪所带来的信息，这时正面情绪则有助于激发人们的创造力，使学习更加高效。增强现实技术强调实时交互，游客可以通过该技术在识别图上叠加仿真的文物模型，欣赏识别图的时候就相当于把文物拿在手里欣赏一样，这样就能给游客带来行为层次的满足感。

2. 增强现实技术在博物馆导览方面的应用

当今社会越来越重视体验经济的发展，通过体验设计可以提升产品附加价值。体验设计在博物馆经济中显得越来越重要，针对参观博物馆的人群进行体验设计，可以帮助他们提高参观博物馆的效率和质量。该设计使用 UI 设计方法、行为研究、体验研究、产品体验协作设计等方法，提取出用户可能的体验。导览产品体验设计对装备制造业、城市管道监测、参观等的升级具有重要意义，以导览产品为例，运用系统分析设计法和迭代设计法进行原型设计，运用增强现实技术快速原型设计法对各种体验进行技术实施，验证了面向用户体验的产品设计理论，为未来体验经济中相关行业的设计和理论指导提供了参考。

（1）基于增强现实技术的导览产品用户体验设计。

①产品体验协作设计方法。产品体验协作设计方法是指在产品体验设计

时按照一定的协作设计过程，多学科相互协作，确立用户体验要素，并将这些体验的隐性要素协作转化为显性设计要素，同时通过新技术协作研发，实现用户体验，最后设计出令消费者能产生美好产品体验的方法。

②产品体验协作设计过程模型。产品体验协作设计过程一般分为以下几个阶段：多学科协作确立体验要素，并进行归类；体验的隐性要素协作转化为显性设计要素，并进行体验设计；新技术协作实现用户体验，包括新技术选择和研发、设计评估修改等几个阶段。不同的产品开发的过程不完全一样。

③多学科协作下用户体验要素的确立。多学科协作主要从工业设计、人机工程学、计算机科学、信息技术、市场学、经济学、社会学、艺术学等学科考虑，寻找并确立多学科对体验的需求，将各种体验需求通过协作确立适合于该产品的用户体验。工业设计学科可运用产品设计的各种方法设计各种创意体验，如人机工程学和计算机科学可运用人机工程学中的原则和方法进行研究和评价体验，运用人机交互技术和计算机系统可实现更真实的体验感；经济学可了解当前的经济形态和产业状况，找到设计产品体验的突破点和方向等。

④隐性要素协作转化为显性设计要素。在体验设计中，体验的提取是非常重要的。体验隐性要素和显性要素协作模型是运用一定的方法将用户的隐性知识和体验协作转化为显性设计要素，并进行设计。转化的方法包括访谈法、故事板、实验研究法、隐喻诱引技术等。隐性要素包括行为体验等，显性设计要素包括产品文字、色彩、交互方式等。

⑤基于增强现实技术的体验实现。产品体验协作设计过程模型需要新技术协作，对各种体验的显性化设计进行技术实现，对项目选择增强现实技术进行体验实现。2009年至今，张慧姝工作室在工业设计上较多地应用该技术，对于体验经济有一定的推动作用。

（2）使用增强现实技术快速交互和参观。博物馆导览AR系统主要是实现虚拟信息与真实场景的融合。虚拟信息包括首都博物馆场馆的3D数字模型、场馆各层楼的3D数字模型、模拟的三种推荐参观路线、博物馆内一些制作的视频，通过摄像头对标记信息进行检测，获取标记ID，对摄像头的姿态进行计算，并将标记信息生成虚拟信息，将虚拟信息注册到真实场景中，生成虚实结合的图像后，再输出到产品的屏幕上。

博物馆还可以不断地向外延伸，可在实体店内融入博物馆思想和图书馆思想，以帮助人们进行学习和选择。通过增强现实技术、传感器技术、大数据技术等，消费者能够自行探索、学习、体验新产品、新技术。例如，在实体店中放置一些座椅、图书、期刊和代表该品牌历史的展示等，使实体店不仅成为像博物馆一样是学习、采集数据、教育、展示、体验的场所，还将成为新技术的孵化器，同时具有图书馆的效果，完全体现向知识经济发展的特征。

7.5.2　增强现实技术在体育馆观赛方面的应用

随着科学技术的发展，越来越多的科学技术应用于体育场馆，提升了民众的观赛体验、球员的赛场表现和转播技术等。利用各种科技进行体验设计在体育馆观赛方面变得更加重要。例如，针对北京工人体育场观看球赛的人群进行设计，可以帮助他们提高观赛的效率和体验。观赛者可使用 Pad、智能手机等电子设备，进行场馆周边路线选择、停车、赛事信息、观看比赛、回放、了解球员信息等，传统的体育场会有大屏幕进行比赛回放、球员特写等展示。该设计旨在使用增强现实技术提升观众的观赛体验和观赛效率，使用增强现实技术可以将实体信息和虚拟信息结合起来，提升观赛者体验和参与的热情，为未来推动体育观赛产业和经济提供参考。

视频回放技术、惯性测量技术、球轨迹追踪技术、传感器技术不断地提升了人们观赛的体验，有利于对运动员参赛中的各种数据进行采集和分析，这样不仅可以提高民众观赛效率，还可以提高运动员的参赛水平。

增强现实技术作为一种热门的人机交互技术，将越来越成为生活中的主流技术，除 IPad 和智能手机等设备，人们可以使用增强现实眼镜进行各种体育观赛和培训。例如，Atheer one 增强现实眼镜和微软的 Hololens 智能眼镜可以在眼镜上进行增强现实展示，但是 Hololens 过于沉重，从人机工程学角度考虑，眼镜应该如偏光镜一样轻薄才更好用。很多公司用这些眼镜进行制造业的维修、教育培训、物流分拣等，当然它也可以用在体育赛事的观赛中，就像我们去电影院使用 3D 眼镜观看 3D 电影一样。总之，增强现实技术的应用广泛，必将真正改变我们观察世界的方式。

参考文献

[1] 沈江，潘军.虚拟现实与增强现实 [M].北京：科学技术文献出版社，2019.

[2] 布鲁诺·阿纳迪，帕斯卡·吉顿，纪尧姆·莫罗.虚拟现实与增强现实：神话与现实 [M].侯文军，蒋之阳，译.北京：机械工业出版社，2019.

[3] 何汉武，吴悦明，陈和恩.增强现实交互方法与实现 [M].武汉：华中科技大学出版社，2018.

[4] 张燕翔.虚拟/增强现实技术及其应用 [M].合肥：中国科学技术大学出版社，2017.

[5] 乔恩·佩迪.增强现实——无处不在 [M].邓宝松，闫野，印二威，译.北京：电子工业出版社，2019.

[6] 迪特尔·施马尔斯蒂格，托比亚斯·霍勒尔.增强现实：原理与实践 [M].刘越，译.北京：机械工业出版社，2019.

[7] 娄岩，赵俊强.虚拟现实与增强现实技术 [M].北京：科学出版社，2018.

[8] 李婷婷，余庆军，刘石，等.UnityAR 增强现实开发实战 [M].北京：清华大学出版社，2020.

[9] 保罗·米利.虚拟现实（VR）和增强现实（AR）[M].李鹰，译.北京：人民邮电出版社，2019.

[10] 乔纳森·林诺维斯，克里斯蒂安·巴比林斯基.增强现实开发者实战指南 [M].古鉴，董欣，译.北京：机械工业出版社，2019.

[11] 吴哲夫，陈滨.Unity3D 增强现实开发实战 [M].北京：人民邮电出版社，2019.

[12] 吴军民，林为民，彭林，等.虚拟/增强现实技术及其电力应用 [M].北京：中国电力出版社，2018.

[13] 王涌天，陈靖，程德文.增强现实技术导论 [M].北京：科学出版社，2015.

[14] 张慧姝.增强现实技术在文化创意产业中的应用 [M].北京：电子工业出版社，

2018.

[15] 胡家诚 . 基于增强现实技术的高中地理可视化教学实践研究 [D]. 沈阳：沈阳师范大学，2021.

[16] 刘奥迪 . 旅游系统中增强现实技术研究与应用 [D]. 呼和浩特：内蒙古大学，2021.

[17] 袁志浩 . 移动增强现实技术在水稻农机虚拟仿真中的应用 [D]. 大庆：黑龙江八一农垦大学，2021.

[18] 鹿雅贤 . 民间美术欣赏课中增强现实应用的设计探索 [D]. 昆明：云南艺术学院，2020.

[19] 唐力行 . 移动增强现实的场景识别与跟踪注册技术研究 [D]. 北京：北京邮电大学，2020.

[20] 张晓敏 . 基于增强现实的初中地理学习活动设计与应用 [D]. 沈阳：沈阳师范大学，2020.

[21] 胡越 . 基于交互叙事的儿童安全教育 AR 游戏设计研究 [D]. 镇江：江苏大学，2020.

[22] 王珊 . 交互语境下儿童科普教育游戏的设计与实践 [D]. 北京：北京工业大学，2020.

[23] 李婷婷 . 增强现实（AR）技术在高中地理教学中的应用研究——以奎屯市为例 [D]. 重庆：西南大学，2020.

[24] 吴奕晓 . 增强现实技术在教育类出版物中的应用研究 [D]. 北京：北京印刷学院，2020.

[25] 郭威方 . 增强现实技术在儿童插画中的应用 [D]. 大连：大连工业大学，2019.

[26] 丁林鑫 . 增强现实（AR）对图书馆服务与管理的提升研究 [D]. 郑州：郑州航空工业管理学院，2019.

[27] 王艳 . 增强现实环境下基于体验视角的民俗博物馆展示设计研究 [D]. 武汉：中南民族大学，2019.

[28] 张也 . 基于增强现实技术的博物馆导览器优化设计研究——以上海漆艺博物馆为例 [D]. 上海：华东理工大学，2019.

[29] 刘雨晴 . 浅谈增强现实与其在艺术领域的应用 [D]. 武汉：湖北美术学院，2018.

[30] 虞锦东 . 基于移动增强现实的博物馆导览系统设计与实现 [D]. 沈阳：沈阳工业大学，2018.

[31] 刘剑峰.增强现实技术在建筑设计中的应用研究 [D].开封：河南大学，2018.

[32] 丛亚男.增强现实技术在古籍资料数字化交互展示中的应用研究 [D].长春：吉林艺术学院，2018.

[33] 何力.增强现实技术及其在设计展示中的应用研究 [D].武汉：湖北工业大学，2017.

[34] 杨瑞.增强现实技术下科技馆展品的展示形式研究 [D].武汉：华中科技大学，2017.

[35] 张峻珩.增强现实技术针对产品展示的应用与实现 [D].北京：北京工业大学，2016.

[36] 高智.移动增强现实技术在博物馆中的应用研究 [D].沈阳：沈阳工业大学，2016.

[37] 冯伟夏.增强现实在博物馆数字展示中的应用研究——以广彩展示为例 [D].广州：广东工业大学，2015.

[38] 刘明.移动增强现实跟踪技术及在农业展示中的应用研究 [D].重庆：西南大学，2014.

[39] 孙小琪.增强现实技术在儿童戏剧游戏中的应用研究 [J].大众标准化，2021（13）：67-69.

[40] 罗增安，吴云.基于增强现实技术的互动 3D 地图设计和应用研究 [J].西部皮革，2021，43（6）：89-90.

[41] 姜欣，徐婧淳.AR 增强现实技术在博物馆展示设计中的应用 [J].今古文创，2021（8）：76-77.

[42] 吴茜.增强现实技术下移动端商业广告中互动性设计研究 [J].工业设计，2020（12）：117-118.

[43] 王罗那.增强现实技术（AR）在数学教育中的应用现状述评与展望 [J].数学教育学报，2020，29（5）：91-97.

[44] 张文莉，胡越.基于增强现实技术的儿童安全教育游戏设计研究 [J].设计，2020，33（15）：150-152.

[45] 陈媛.基于增强现实技术的导航设备监控研究 [J].武汉工程职业技术学院学报，2020，32（2）：50-53.

[46] 刘继，胡晓光.增强现实技术在高速公路信息化应用场景解析 [J].河南科技，2020（10）：105-107.

[47] 曾祥平.增强现实（AR）技术在高速公路视频监控中的应用[J].公路交通科技（应用技术版），2020，16（1）：353-355.

[48] 黄君钊.增强现实技术在农业生产方面运用的分析展望[J].科技风，2017（4）：127，136.

[49] 李欢.基于增强现实技术的视频监控系统[J].电子世界，2015（13）：38-40，148.

[50] 乔兴媚，杨娟.基于增强现实的新型职业教育学习模式探究[J].中国电化教育，2017（10）：118-122，129.